U0928008

浙江省
污染源自动监控系统运行与管理

ZHEJIANGSHENG
WURANYUAN ZIDONG JIANKONG XITONG
YUNXING YU GUANLI

浙江省生态环境应急与监控中心
浙江省生态环境监测中心
浙江省生态环境监测预警及质控研究重点实验室

中国环境出版集团·北京

图书在版编目（CIP）数据

浙江省污染源自动监控系统运行与管理 / 浙江省生态环境应急与监控中心, 浙江省生态环境监测中心, 浙江省生态环境监测预警及质控研究重点实验室编. -- 北京 : 中国环境出版集团, 2021.7
ISBN 978-7-5111-4797-4

Ⅰ. ①浙… Ⅱ. ①浙… ②浙… ③浙… Ⅲ. ①污染源监测—自动控制系统—浙江 Ⅳ. ①X830.7

中国版本图书馆CIP数据核字(2021)第144494号

出 版 人 武德凯
责任编辑 孙 莉
责任校对 任 丽
装帧设计 彭 杉

出版发行 中国环境出版集团
（100062 北京市东城区广渠门内大街16号）
网　　址：http://www.cesp.com.cn
电子邮箱：bjgl@cesp.com.cn
联系电话：010-67112765（编辑管理部）
发行热线：010-67125803 010-67113405（传真）
印　　刷 北京盛通印刷股份有限公司
经　　销 各地新华书店
版　　次 2021年7月第1版
印　　次 2021年7月第1次印刷
开　　本 787×1092 1/16
印　　张 12
字　　数 220千字
定　　价 80.00元

编委会

前　言

随着社会经济的发展，人们对生态环境质量越来越重视，同时对环境管理工作提出了更高的要求。污染源自动监控作为生态环境监管的重要手段之一，在应用领域持续扩展、社会关注度不断提升的同时，需要对其进一步规范管理、发挥效能。生态环境主管部门应当完善管理制度、加强监管、严格执法。企业和第三方运维机构应当切实落实责任，规范污染源自动监控设施的建设与运行，确保自动监测数据的真实性、准确性。

为切实提升浙江省自动监控水平，在全省开展十多年污染源自动监控工作基础上，本书编委会组织编写了《浙江省污染源自动监控系统运行与管理》。本书对全省污染源自动监控工作的内容和要点进行了全面系统的总结，对实际工作具有较强的指导意义。

本书共 6 章，系统介绍了污染源自动监控工作人员应知应会的基础知识要点，强调理论联系实际，有助于基本工作能力的提升。本书以政策法规为引领，以标准规范为基础，从污染源自动监控系统的建设、运维、监管、应用等方面，对实际工作经验进行了总结凝练，结合诸多经典案例进行实例分析，实用性较强，将为今后污染源自动监控工作提供重要参考。

本书由浙江省生态环境应急与监控中心和浙江省生态环境监测中心组织编写，编写过程中参考了生态环境部、浙江省生态环境厅有关污染源自动监控的文件和文献，收纳了其他省份自动监控执法和监测数据弄虚作假查处的典型案例。由于涉及内容较多、专业性强，加之编者学识水平所限，虽成稿后精心核校，但书中仍不免存在谬误之处，恳请读者批评指正。

编者

2021 年 1 月

目录

第1章 污染源自动监控系统概论

1.1　概述

近年来，我国社会经济在快速发展的同时，面临的环境形势也日益严峻。传统的污染源人工监测和监管方式已无法满足生态环境保护工作的需要。为了适应环境保护的新任务和新要求，从“十一五”开始，我国持续推进污染源自动监控系统的建设运行与数据应用。

污染源自动监控系统，由污染源自动监测监控现场端、数据传输网络和监控中心组成。该系统通过对污染源的排放情况实施连续自动监测，将监测监控信息实时上传至生态环境部门的监控平台，生态环境部门依托平台及监测监控信息开展日常监督管理工作。

污染源自动监控系统覆盖面逐步扩大，自动监测数据依法公开接受社会监督，有效提高了企业环境保护意识，倒逼企业达标排放污染物。污染源自动监测数据的全面应用，有效助力环境执法监管工作，提升执法的精准性，为企业治污和政府环境决策提供了重要的数据支持和技术支撑。

1.2　国内外基本情况

1.2.1　国外现状

污染源自动监控技术作为环境监测的基本组成部分，早在 20 世纪 50 年代就开始应用。国外污染源自动监测方面起步较早，主要应用于企业自行监测，因此国外学者对此项工作的研究多是围绕污染源自动监控的技术、方法、仪器优化设计等角度开展。

“伦敦烟雾事件”发生后，英国开展了大范围空气污染源的监测，尤其是对二氧化硫（伦敦烟雾事件的主要污染物之一）的监测，全自动二氧化硫监控站应时而生，监控站可连续记录二氧化硫的监测浓度。Stockton E.L.（1970）为使污染源自动监控更加智能，将计算机先进技术与污染源监测进行融合；Moyer W.W.（1975）将计算机小型处理装置结合到空气污染物监测设备中，标志着污染源自动监测仪器越来越便于移动。

在主要发达国家，一般由排污单位自行安装自动监测仪器，相关监测信息列入企业环境信息申报的重要内容，同时向社会公开。此外，部分国家或地区为全面掌握辖区的水质和空气质量，会将河道、空气等自动监测设备与企业排污口自动监测统一规划建设。例如，日本大阪在 20 世纪 70 年代就启动了水质自动监测系统的建设工作，由政府出资将所辖区域内的河流湖泊、下水道、工厂废水排放口都设置了水质自动监测仪，确保政府部门能实时掌握所管辖地区水质状况。

1.2.2 我国污染源自动监控系统发展进程

经过多年的发展，我国在污染源自动监控系统的建设和应用方面已处于世界领先水平。目前，我国按照“国家—省—市（县）—排污单位”的架构建成的污染源自动监控系统，包括污染源自动监控现场端、数据传输专用网络、各级污染源监控中心等。数以万计的污染源排污信息被纳入自动监控系统，在生态环境保护工作中发挥了重要作用。我国污染源自动监控工作的发展历程，大致可以分为三个阶段。

1.2.2.1 第一阶段（20 世纪 90 年代末—2004 年）

该阶段，部分建设项目环境影响评价和“三同时”验收工作对自动监测仪器的建设运行提出了明确要求。企业在废水、废气排放口按要求安装了自动监测仪器，用于监测自身污染物的排放情况。限于当时我国污染源自动监控仪器和工作发展水平，监测因子较为单一，国家也未提出明确的联网要求和建设途径，未建成统一的监控平台，因而自动监测仪器处于孤立的状态。同时，自动监测仪器日常运行维护都由排污企业自行开展，大多数企业没有相应的技术人员和配套的实验室，所以监测数据的准确性难以保障，其测得的数据无法反映实际排放情况，未能产生较好的监测效能。

1.2.2.2 第二阶段（2005—2012 年）

2005 年，国家环保总局颁布了《污染源自动监控管理办法》（环境保护总局令 第 28 号），对自动监控系统的定义、组成、建设运行，以及排污单位和监管部门等各方的职责及法律责任作出明确规定，污染源自动监控系统正式走上舞台。2007 年，浙江省组织开展建设工作，并在 2008 年 6 月率先覆盖省控以上污染源。上海、江苏、山东、河南等地随后开展建设，自动监控数据通过市、省、国家三级网络上传至环境保护部。2011 年年底，全国国控重点污染源全部完成了自动监控系统建设，2012 年通过了环境保护部验收，我国的污染源自动监控系统基本建成。

该阶段，国务院环境保护主管部门为保障自动监控建设运行的规范性，相继出台了一系列管理制度和技术标准。2007 年，颁布了《固定污染源烟气排放连续监测技术规范（试行）》（HJ/T 75—2007）等 6 个标准技术规范；2008 年，颁布了《污染源自动监控设施运行管理办法》（环发〔2008〕6 号）、《国控重点污染源自动监控能力建设项目污染源监控现场端建设规范（暂行）》（环发〔2008〕25 号）；2009 年，颁布了《国家监控企业污染源自动监测数据有效性审核办法》（环发〔2009〕88 号）；2012 年，颁布了《污染源自动监控设施现场监督检查办法》（环境保护部令 第 19 号），至此污染源自动监控的管理体系和规范体系基本形成。

第二阶段充分总结了第一阶段的经验教训，利用市场机制，引入第三方专业机构进行自动监控系统的运行维护。第三方运维机构根据环境保护部门的技术标准和管理要求，逐步提高专业技能和服务水平，使建设与运行质量得到有效保障。同时，部分先行的省市探索提升污染源监控系统的法律地位，不断强化自动监测数据应用。

1.2.2.3 第三阶段（从 2013 年起）

2013 年，国务院办公厅出台了《“十二五”主要污染物总量减排考核办法》（国办发〔2013〕4 号），将污染源自动监控系统的建设和运行纳入生态环境部门的日常管理。

这一阶段，为落实企业的主体责任，环境保护部取消了环保部门数据有效性审核工作，明确了传输有效率作为全国性统一的运行指标。同时，将运行质量通过考核机制层层落实到各级生态环境部门和企业，并且大力打击自动监控设施弄虚作假的违法行为，确保自动监控设施正常运行。另一方面，“十二五”和“十三五”期间，总量减排指标的核算、全国性的排污收费及环境保护税计征工作均以自动监测数据作为优先级数据。浙江省、山西省利用自动监测数据建立了企业刷卡排污总量控制制度。浙江省绍兴市、山东省济南市等地通过计量检定赋予自动监测数据法律效力，开展自动监测数据超标执法工作。此外，企业自行监测数据公开工作全面推进，自动监测数据作为自行监测数据纳入公开范围，逐步形成了“以用促管”的良好局面。

2020 年，生态环境部出台并实施了《生活垃圾焚烧发电厂自动监测数据应用管理规定》（生态环境部令 第 10 号），自动监测数据直接应用于垃圾焚烧发电企业的环境管理，有力推进了全国垃圾焚烧发电行业的自动监控运行水平和环境达标率的提升。除此之外，中小企业的用电监控、工况监控等试点工作的开展，自动监控的内涵和外延不断被挖掘，都为自动监控环境管理提供了更丰富的技术手段。

1.3 浙江省污染源自动监控运行及管理现状

浙江省污染源自动监控系统作为国家子系统，同时结合本省实际情况，经过十几年的发展，已形成了较为成熟的管理体系和市场机制，也为我国污染源自动监控工作提供了实践经验。

1.3.1 建设运行情况

浙江省生态环境厅结合国家技术规范制定了《浙江省污染源在线监测监控系统建设验收和运行管理实施方案》，根据年度重点排污单位名录组织落实污染源自动监控安装联网任务，全省共建设了自动监控现场端 5 000 多个，数量居全国前列。同时，全省建设了 1 个省级监控中心，11 个市级监控中心和 76 个县级监控中心，采用统一的自动监控平台。自动监控平台设置环境监管、排污企业、第三方运维和社会公众等多种人员权限，其中运维档案电子化、数据自动审核、运行质量自动评价和信息高效推送是系统的四大亮点功能模块。

浙江省大多数污染源自动监控现场端采用第三方运维模式。2014 年，国家取消环境污染治理设施运营资质之后，自动监控第三方运维机构数量出现大幅增长，截至 2020 年，全省共有近百家第三方运维机构。各级财政对自动监控系统运行维护提供了一定程度的补助，其中，省级财政每年补助近 5 000 万元，各地生态环境部门运用差异化补助政策来促进运维工作有序开展。

1.3.2 管理情况

浙江省出台了《浙江省污染源自动监控现场端视频监控及站房门禁系统建设技术要求（试行）》《浙江省污染源自动监控现场端建设联网技术要求（试行）》《浙江省污染源自动监测监控信息传输管理办法（试行）（征求意见稿）》和《浙江省污染源自动监测数据质量评价办法》等，对自动监测监控设施建设、联网、信息传输作出细化要求。针对第三方运维机构，出台了《浙江省污染源自动监控系统运行维护工作指导意见》，对运维机构应当具备的能力和目标任务进行指导；针对日常监管，出台了《关于应用自动监控系统加强重点排污单位环保执法工作的通知》，建立了超标“日确认、周督办、月通报”制度。

自动监控设施的安装联网率、传输有效率、超标调处率、弄虚作假案件查处情况等被纳入生态环境年度考核任务，通过考核压实管理责任，深入推进各项工作。部分市级引进专业人员为日常巡检和现场检查提供技术服务。全省自动监控设施传输有效率长期稳定保持在 99% 以上，位居全国前列。2018 年以来，全省运行质量达标的站点比例稳定达到 95% 以上，超标调查率保持 100%。2017 年至 2020 年上半年，全省各级生态环境部门共查处 59 起自动监控弄虚作假案件，刑事拘留 108 人，查处案件数和刑事拘留人数均居全国前列。

1.3.3　应用情况

自动监控系统建设运行以来，全省重点排污单位污染源自动监测数据超标率持续下降。按小时数计，由 2016 年的 1.3% 降至 2020 年的 0.3%。严重超标、持续超标督办事件也大幅减少，由 2018 年的 22 起降为 2019 年的 2 起。2017—2020 年，全省各级生态环境部门利用自动监测数据超标和异常预警信息，共查处环境违法排污行为 168 起，罚款 3 200 余万元，充分发挥了自动监控系统在环境管理中的“哨兵”作用。

浙江省还积极响应打破“数据烟囱”，通过高效的数据共享机制，满足各级相关政府数据使用部门的业务需求，例如，直接应用于排污费和环境保护税的征收、总量减排和环保电价的核算。帮助企业做好排污信息公开，落实企业主体责任，降低违法风险，确保公众的知情权和监督权。充分发挥自动监控设施的优势，在环境预警、应急事故处置、G20、互联网大会等重大活动保障等方面，为环境决策提供基础支撑。

1.4　污染源自动监控发展展望

1.4.1　污染源自动监控的发展

围绕当前以及今后生态环境工作的目标和任务，各地应对污染源自动监控能力持续升级完善，充分发挥自动监控系统在环境监管方面的效能。

1.4.1.1　继续扩大自动监控的覆盖面

①特征污染物方面。例如，电镀、制革等行业的铜、铬、镍、锌、铅等重金属因子；石化、化工、包装印刷、工业涂装等有机废气重点行业的非甲烷总烃、苯系物等。

②监控点位方面。综合考虑企业规模和监控必要性，开展自动监测监控的建设和管理工作。例如，浙江省要求日排放量大于 300t 的规模以上入海排污企业对化学需氧量、氨氮和流量实施自动监控。

1.4.1.2 强化污染源自动监控在生态环境监管中的应用

①推进视频监控、等比例采留样、远程控制等手段，打通监测数据和监控设施联动通道，建立快速反应机制，助力污染源日常监管。

②加强自动监控运维市场管理，建立以运行质量为导向的市场机制及信用评价机制，突出执法监管的针对性，保持打击弄虚作假的高压态势，强化第三方机构社会责任感的培育，确保污染源自动监测数据的准确性。

③完善环境监管的自动监测数据和监控设施规定，形成制度保障。

1.4.1.3 探索研究污染源自动监控的法律保障体系

①依法保障自动监测数据法律效力。加强监测管理部门与市场监管部门的协作，大力推进自动监测仪器计量检定工作，加强标准物质核查、比对校验量值溯源和传递等体系建立和日常监督管理工作，依法赋予自动监测数据法律效力。

②在符合法律及法制精神的前提下，探索建立新物权制度。例如，企业具有所有权，负责建设，生态环境部门具有使用权，负责日常运行；或者由第三方监测机构出资建设，企业按照自行监测委托实施的方式，向第三方购买数据。

1.4.2 探索新技术在污染源自动监控中的应用

探索新技术在污染源监控中的应用，尝试电量监控、设备工况监控、污染源自动监控、视频监控等多种监管手段融合应用，通过多维度大数据智能分析，实现对企业生产过程中污染治理的全时、全过程、智能化的监管，智能判别企业在生产过程中未按规定启动环保治理设施、环保治理设施处理能力与生产能力不适应等情况，通过预警等手段督促企业加强环保治理设施运行，提升企业污染物排放达标水平。

1.4.3 提升数据协同分析应用

充分利用环保数据仓、生态环境主题库等平台，构建生态环境全要素感知、污染源数字化档案、污染防治攻坚战协同指挥、生态环境治理应用服务等功能模块，加快政府数字化转型，整合各部门、各系统、各层级的生态环境数据资源，促进生态环境保护部门业务深度融合、协同共治，提升环境大数据综合分析能力，推进生态环境治理体系和治理能力现代化，实现生态环境保护数字治理、精准治理、智能治理。

第2章

污染源自动监控系统建设

2.1　总体架构

污染源自动监控系统由安装在固定污染源的自动监测监控现场端、数据传输网络和生态环境部门的监控中心组成。总体架构如图 2-1 所示。

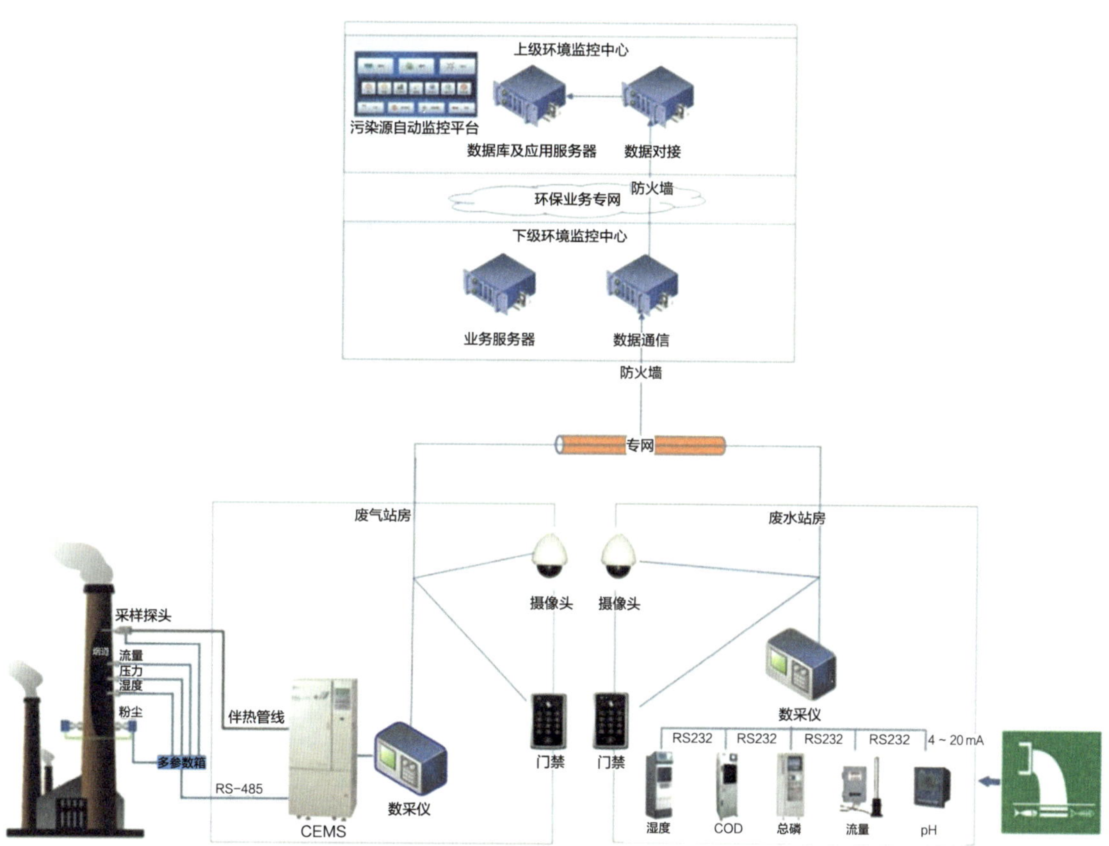

图 2-1　污染源自动监控系统总体架构

自动监控现场端包括自动监测仪器、监控设施和监控站房，其中自动监测仪器是指各类污染物自动监测仪、流量（速）计和相关排放参数监测仪；监控设施包括数据采集传输仪、污染治理设施运行记录仪、视频监视以及远程控制单元等；监控站房指专门用于安放自动监测仪器、监控设施和网络传输设备的独立用房。

数据传输网络包括自动监控现场端与各级监控中心的专用网络和上下级生态环境监控中心之间的主干网络，其中专用网络通常由有线、无线和以太网组成，主干网络由国家、省、市和县四级有线网络组成。

监控中心由各级生态环境部门用于接收、处理、展示自动监测监控信息以及开展日常监管的硬件服务器、软件平台、网络设备及机房等相关辅助设施组成。

2.2 废水自动监控现场端建设

2.2.1 基本架构

依据《水污染源在线监测系统安装技术规范》（HJ 353—2019），废水自动监控现场端分为废水水质自动监测单元、监控单元以及相应的建筑设施等。基本构成如图 2-2 所示。

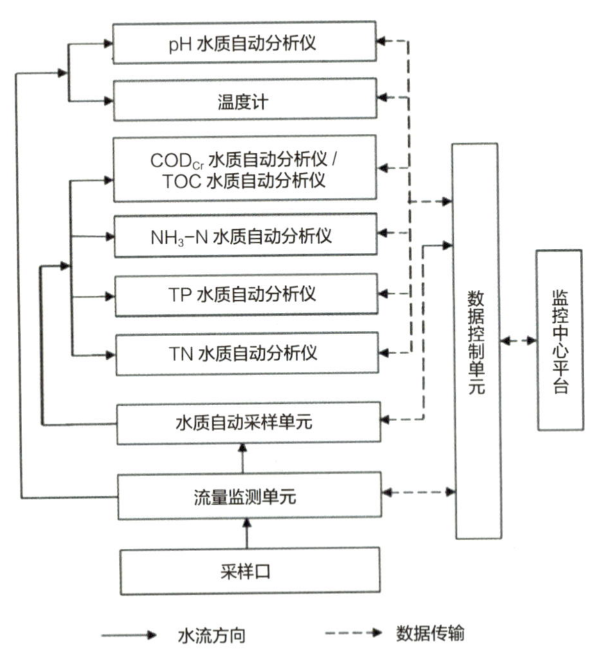

图 2-2 水污染源自动监控现场端组成示意图

废水水质自动监测单元包括水污染源流量监测、水样采集、分析及数据统计与上传等功能的软硬件设施，主要由流量监测设施、水质自动采样设施、水质自动监测设施、数据采集传输设施等组成。流量监测设施是指用于污水排放流量的监测仪表以及数据传输设施；水质自动采样设施是指采集瞬时水样或混合水样，供水质自动监测仪器分析测试，以及实现超标留样、平行监测留样、比对监测留样等功能的设施；水质自动监测设施是指对采集的水样进行水质连续自动分析的仪器以及数据传输设施；数据采集传输设施是指实现控制整个水污染源自动监测系统内部仪器设备联动，自动完成水污染源自动监测仪器的数据采集、计算、标记及上传至上位机，接受上位机命令控制水污染源自动监测仪器运行等功能的集软硬件为一体的设施。

自动监控单元包括传输网络设施、视频监视设施、站房门禁设施和仪器远程控制设施等。传输网络设施指实现自动监控现场端和生态环境部门之间联网和数据交换的路由器、传输网络等网络设备；视频监视设施主要包括排污口、采样口、自动监控站房的摄像装置以及视频图像存储的设施等；站房门禁设施主要通过刷卡、指纹或者脸部识别等方式实施站房有序管理；仪器远程控制设施一般和自动监测单元的水质采样、监测、传输设备一体设计运行，通过生态环境部门监控平台的远程控制命令予以运行。

相应建筑设施主要包括排污口、采样口配套设施和用于放置自动监控仪器的站房。

2.2.2　排放口、采样点和流量监测单元建设

排放口应满足流量监测单元和水质自动采样单元建设要求。目前常见的排放口主要分为明渠、管道等方式。

2.2.2.1　明渠式

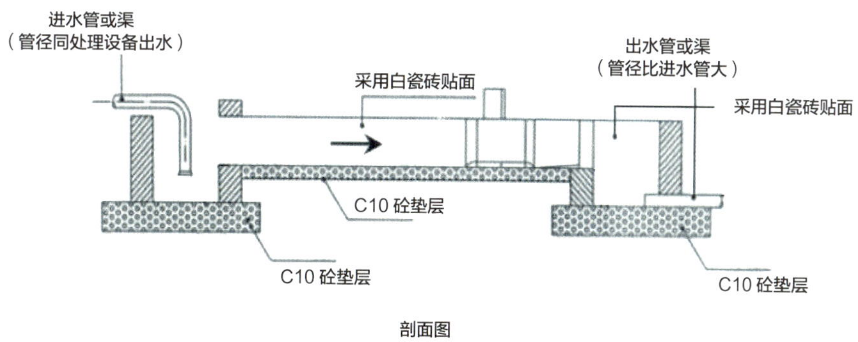

图 2-3　排放口示意图

（1）明渠建设

依据《污水监测技术规范》（HJ 91.1—2019）、《关于加快重点行业重点地区的重点排污单位自动监控工作的通知》（环办环监〔2017〕61 号）等文件，建设应满足以下要求。

①排放口应满足现场采样和流量测定的要求，原则上设在厂界内，或厂界外不超过 10m 的范围内。

②明渠宜选用混凝土、陶瓷、钢板、钢管、玻璃钢和塑料等具有防腐功能及易清洁的硬质材料。

③测流段水流应平直、稳定、有一定水位高度。明渠式排放废水的排放口上游应有一段底壁平滑且长度大于 5 倍渠道宽度的平直明渠。

④污水面在地面以下超过 1m 的排放口，应配建采样台阶或梯架。监测平台面积应不小于 1 m^2，平台应设置不低于 1.2m 的防护栏。

⑤排放口应按照 HJ 91.1—2019 的要求设置明显标志，并加强日常管理和维护，确保监测人员的安全，经常进行排放口的清障、疏通工作；保证污水监测点位场所通风、照明正常；产生有毒有害气体的监测场所应强制设置通风系统，并安装相应的气体浓度安全报警装置。

注意：当污水表面有很多泡沫或者表面漂浮着较多树叶等杂质时，需在明渠边建设静水井，以确保超声波明渠流量计测量的准确性。用暗管或暗渠排污的，需设置能满足人工采样条件的竖井或修建一段明渠。

（2）量水堰槽的选择及安装

依据《水污染源在线监测系统（COD_{Cr}、NH_3-N 等）安装技术规范》（HJ 353—2019）。

量水堰槽主要有直角三角堰、矩形堰、巴歇尔槽三种，量水堰槽类型和规格的选择主要根据排放口的污水流量和现场工况确定。当最大流量小于 40L/s 时，建议采用直角三角堰；最大流量大于 40 L/s 时，一般使用巴歇尔槽；最大流量大于 40 L/s 且渠内水位落差较大的，建议采用矩形堰。

量水堰槽安装时需注意：

堰槽内的水流态应为自由流；巴歇尔槽中心线、矩形堰缺口中垂线、三角形薄壁堰堰口的垂直平分线应与行近渠槽中心线重合。堰口必须水平安装。

（3）采样位置选择

以环办环监〔2017〕61 号文件为依据。

①采样点位距离站房不得大于 50m。设置的采样点应易于到达，有足够的工作空间，便于人工采样或监视操作；点位应牢固并有符合要求的安全措施；采样点位应避开腐蚀性气体、远离有较强电磁干扰的电气设备和机器振动。

②采样点位应设于明渠测流段上游，采样口应设在距水面 10 ～ 30cm 处，距离渠底 20cm 以上，不得贴近渠底。受悬浮物影响较大的监测项目，采样点位应设置在水面下 5cm 的流路中央，漂浮物较多的废水处，采样头前可设置筛网。通过明渠方式连续排放废水的水位小于 0.5m 时，应采用翻水井方式采样。

③合流排水时，采样点位应设在合流后充分混合的位置，且避开紊流气泡区域。

（4）超声波流量计安装

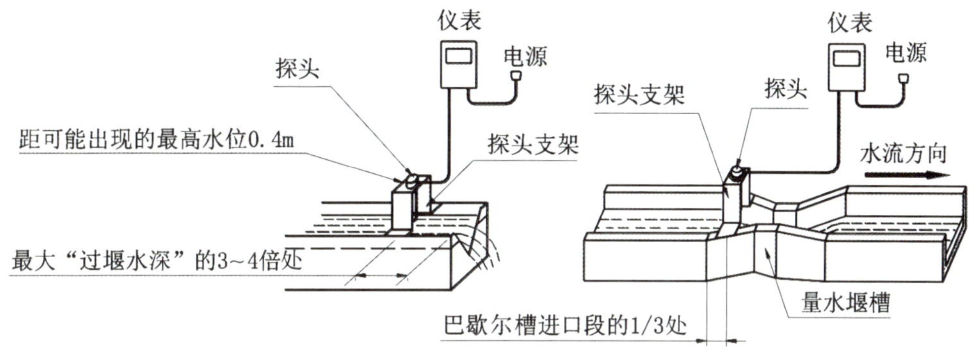

图 2-4　明渠流量计安装图示

①探头在明渠上的安装位置要符合量水堰槽的要求，一般三角堰、矩形堰要安装在堰板上游，在最大过堰水深的 3 ～ 4 倍处；巴歇尔槽在进口收缩段的 1/3 处；

②探头要安装在探头支架上，探头和支架固定牢靠，不得活动；

③探头要垂直对准水面，不得歪斜；

④注意超声波的盲区，最高水面距离探头底面大于 0.4m，即校正棒的下端离最高水面不得小于 0.1m；

⑤安装探头时，注意不要使声波传播的路径有多余反射面。

2.2.2.2　管道式

（1）管道建设

通过管道排放的污水，需根据日常排水量选择合适公称通径的管道，保证流体流速为 1 ～ 3m/s，测流管路长度满足要求，直管段长度不小于 10 倍管径，管道上标识水流方向。

（2）采样口

采样口安装位置应预留足够空间，避开震动及电磁干扰。压力管道式排放口应安装满足人工采样条件的采样阀门。

（3）管道电磁流量计安装

①应安装在泵的出口处，不得安装在泵的进口处。

②上游直管段长度不小于 5 倍公称通径，下游直管段长度不小于 3 倍公称通径。依据工程经验，企业需设置管段长度 10 倍以上的直管段，以保障流量计安装位置符合要求。

③保证测流段在测量时刻完全注满介质。

④安装时注意管道内介质即污水流动的方向与传感器上的箭头所指方向一致。

⑤传感器和信号转换器的接地端必须与被测介质同电位。

传感器安装见表 2-1。

表 2-1 电磁流量计常用安装实例图及要求

序号	安装位置及要求	图例
1	水平和垂直流向时，电磁流量计应安装在水平管道较低处和垂直向上处，避免安装在管道的最高点和垂直向下处	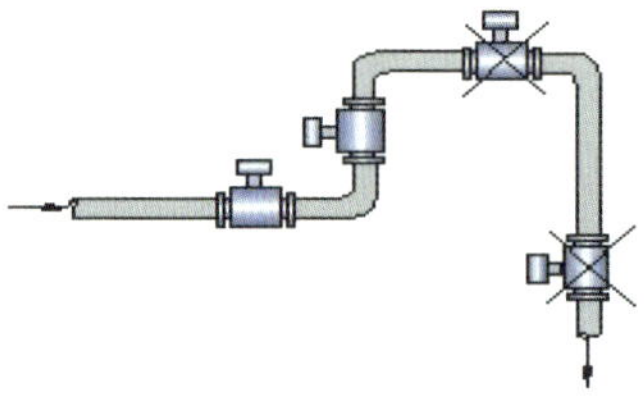
2	倾斜流向时，电磁流量计应安装在管道上升处	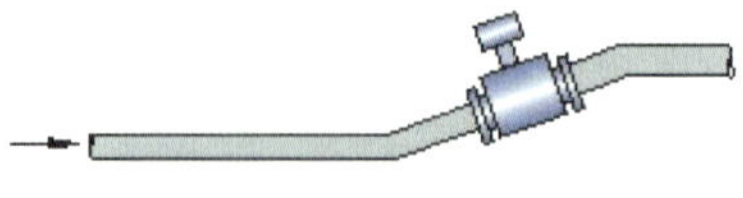
3	在开口排放管道中，电磁流量计应安装在管道的较低处	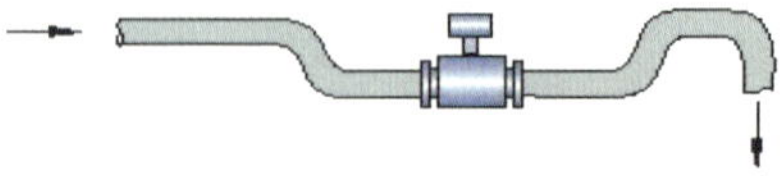
4	管道落差超过 5m 时，在电磁流量计的下游应安装排气阀	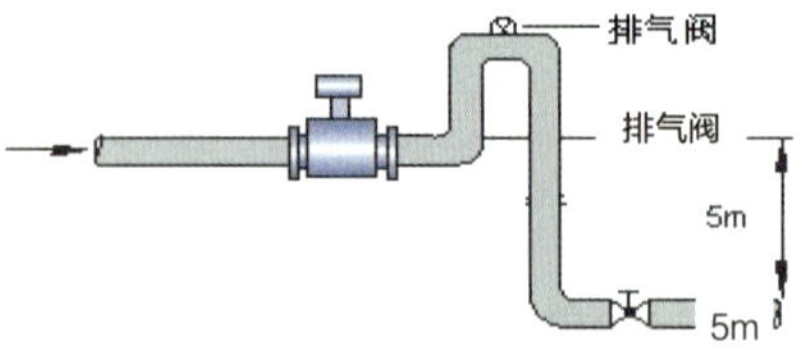 排气阀 排气阀 5m 5m

2.2.2.3　其他情况

涉及一类废水污染因子排放的，应当在车间处理设施中设置规范的采样口，安装相应的自动监测设备或水质自动采留样装置。

通过调节池集水、定期通过提升泵排水的，在最终纳管口之前合适位置参照管道式方法设置采样口和流量计，采样装置应做好减压措施。

2.2.3　废水自动监控现场端站房建设要求

2.2.3.1　整体架构

废水自动监控现场端站房布局如图 2-5 所示。

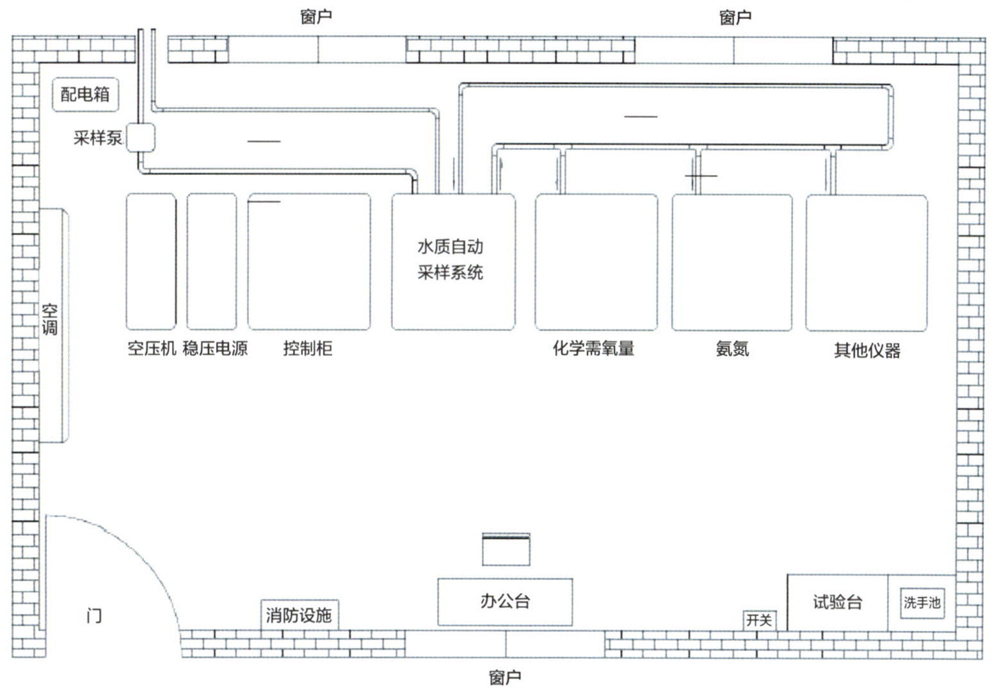

图 2-5　站房布局

2.2.3.2　监测站房基建要求

（1）站房位置选点

依据 HJ 353—2019。

为了减少污水采样的滞后时间，便于监控设施的安装，增强系统稳定性，监测房应满足以下要求：

①站房位置应尽量靠近采样点，与采样点的距离应小于 50m，且站房位置应高于采样口采样点的位置，一般落差不宜大于 3m。

②站房位置应保持清洁，避开腐蚀性气体，无机械振动，附近不应有强电磁场干扰。

③站房位置应方便仪器操作、维护及管路铺设，能够实现数据传输。

④站房位置应避免对企业安全生产和环境造成影响，便于车辆、人员的进出。

（2）监测房硬件要求

依据 HJ 353—2019 和环办环监〔2017〕61 号文件。

①新安装的监测站房面积应不小于 15m^2（监测设备大于 5 台时，面积相应增加），站房顶空高度不低于 2.8m。

②独立设置的监测站房可以采用砖混、钢混或彩钢的结构，应具有防火阻燃、防潮、抗震和抗风能力。

③站房地面高度应根据当地水位和降水量水平决定，内部地面应高于室外地坪。

④监测站房屋顶需设有排水屋檐，防雨防渗。

⑤监测站房应配置完善规范的接地装置和避雷措施以及防盗和防止人为破坏的设施，接地装置安装工程的施工应满足《电气装置安装工程接地装置施工及验收规范》（GB 50169—2016）的相关要求，建筑物防雷设计应满足《建筑物防雷设计规范》（GB 50057—2010）的相关要求。

2.2.3.3 监测站房内部配置

（1）供配电要求

①监测站房内供电符合供电电压为 AC（220±20）V，频率为（50±1）Hz，功率≥ 5 kW。

②监测站房内应配置稳压电源。

③电源接地采用厂区的地线，若接地电阻＞4Ω，则需要单独做接地线；接地电阻≤ 4Ω 时，由用户接入监测站房电源分配箱。

（2）站房内环境要求

依据 HJ 353—2019 和环办环监〔2017〕61 号文件。

①监控站房室内环境应清洁、通风、干燥，空气相对湿度≤ 85%，室内温度应保持在 18 ~ 28℃，站房内应备有空调，保证室内温度恒定且空调具备来电自启动功能，同时可采取必要的保温措施。

②室内照明满足日常工作的需要。

③监测站房内应配置合格的给水、排水设施。

④监控站房内应配有干粉或二氧化碳灭火器，以备电器或化学品燃烧时灭火使用，灭火装置按消防相关要求布置。

⑤站房管理和日常运维制度、人员联系方式、关键备案信息等上墙。

（3）视频门禁

①电子门禁设施的建设运行，站房电子门禁控制器与数据采集仪的连接一般采用 RS-232/RS-485 电气接口，执行 Modbus RTU 标准；采用局域网组网的可执行 TCP/IP 协议，向上位平台传输有关信息。

②站房内的视频监视系统主要包括站房内视频摄像机和硬盘录像机，其中视频摄像机应对准运维主要区域。

（4）仪器设备布局

①放置仪器的地面要求平整和水平、耐腐蚀、无震动，仪器附近无强电磁场干扰和腐蚀性气体。

②监测站房内如具有加热源，安装需避开严禁烟火和不通风的封闭场所。

③仪器摆放位置要考虑仪器进出水管路安装方便，保证进水、溢流通畅。

④仪器周围应有足够空间，方便仪器日常维护。

⑤各类走线做好标识。

2.2.4 水质自动采样单元

水质自动采样单元是指水污染源自动监控现场端用于采集实时水样及混合水样、超标留样、平行监测留样、比对监测留样的单元，供水污染源自动监测仪器分析测试。

2.2.4.1 采样要求

依据 HJ 353—2019。

①采水口应尽量设在标准化计量堰（槽）取水口头部的流路中央，采水口的前端设在下流的方向，减少采水部前端的堵塞，测量合流排水时，在合流后充分混合的场所采水，采样口过滤装置不超过 20 目。

②采样泵应根据采样流量、水质自动采样系统的水头损失及水位差合理选择，应使用寿命长、易维护并且对水质参数没有影响的采样泵，安装位置应便于采样泵的维护。管材应采用优质的聚氯乙烯（PVC）、三丙聚丙烯（PPR）等不影响分析结果的硬管。

③水质自动采样器应设置 A、B 两个采样桶，交替采样和供样，具有混匀及暂存

水样、自动清洗及排空混匀桶、保护水样不变质的功能，混合采样桶单桶容量至少达到仪器分析、比对和监管采样的用量之和。

④水质自动采样系统应具备采集瞬时水样和混合水样两种功能，能接收数采仪指令实现采样模式切换。

⑤采样模式，以 2h 为采样周期，周期内流量不大于 $1m^3/h$ 时，可视作未排放，不进行采样；周期内排放时间不超过 15min 的，可采集瞬时水样；周期内污水流量变化小于平均流量的 20%，污染物浓度基本稳定时，可采集等时混合水样；当污水的流量、浓度甚至组分都有明显变化时，可采集流量等比例混合水样，按连续比例混合、流量间隔比例混合、等时流量比例混合的优先级依次选择采样模式。

2.2.4.2 供样要求

①供样方式，除 pH 计、水温计、流量计外，化学需氧量（COD_{Cr}）、氨氮（NH_3-N）、总磷（TP）、总氮（TN）等其他水质自动分析仪均由采样装置统一供样、同步分析，不得由其他容器、管路提供水样。

②可实现远程启动采样和留样功能，实现平行监测功能，水质自动采样器将记录瓶号、时间、超标和平行监测等信息。

③应在水质自动采样器后端的送样管路上设置实际水样比对采样口。

2.2.4.3 留样要求

①具有接收数采仪指令实现超标留样、平行监测留样和比对监测留样的功能。

②温度控制在 4℃以下。

③样品保存方式满足 HJ 493—2009 的要求，使用玻璃瓶或聚乙烯瓶进行保存。

④具有电子门禁和积水报警功能。

2.2.4.4 控制要求

①与数采仪的连接遵循 RS232 或 RS485 协议。

②接收数采仪指令实施采样、供样、留样、运行记录上传以及采样模式切换；根据实际排放情况合理设置采样参数，确保周期内采样量满足使用，如采样周期内采集量无法满足仪器分析使用，不启动供样。

③切换瞬时采样模式时，不影响上一周期样品测试。

④可通过数采仪查询参数或更改参数且运行记录至少保存 1 年。

2.2.5　水污染源自动监测仪器

参考图书《水污染连续自动监测系统运行管理（试用）》。

2.2.5.1　安装要求

①应根据企业废水实际情况选择合适的水质自动分析仪。应根据所登记的企业实际排放废水浓度选择合适的水质自动分析仪现场工作量程，一般不低于排放标准的 2 ~ 3 倍。部分实际排放浓度较低的可适当降低量程，按照管理部门要求做好报备；还可使用有量程、具备自动切换功能的设备。

②水质自动分析仪与数据采集传输仪的电缆连接应可靠稳定，并尽量缩短信号传输距离。

③水污染源在线监测系统使用的仪器设备应符合国家相关标准和技术要求（表 2-2）。

表 2-2　水污染源自动监测仪器技术要求

序号	水污染源自动监测仪器	技术要求
1	明渠堰槽流量计	HJ 15—2019
2	电磁流量计	HJ/T 367—2007
3	化学需氧量（COD_{Cr}）水质自动分析仪	HJ/T 377—2019
4	氨氮（NH_3-N）水质自动分析仪	HJ 101—2019
5	总氮（TN）水质自动分析仪	HJ/T 102—2003
6	总磷（TP）水质自动分析仪	HJ/T 103—2003
7	pH 水质自动分析仪	HJ/T 96—2003
8	水质自动采样器	HJ/T 372—2007
9	数据采集传输仪	HJ 477—2009
10	六价铬水质自动连续监测仪	HJ 609—2019
11	总铬水质自动连续监测仪	HJ 798—2016
12	铅水质自动监测仪	HJ 762—2015
13	镉水质自动监测仪	HJ 763—2015
14	汞水质自动监测仪	HJ 926—2017

2.2.5.2　COD_{Cr} 自动监测仪器分析原理及选型

（1）化学需氧量定义

化学需氧量是指在强酸和加热条件下，用重铬酸钾作为氧化剂处理水样时所消耗氧化剂的量，即需要氧的质量，以 mg/L 来表示。

（2）测量原理

COD_{Cr} 水质自动分析仪依据氧化方法及检测方式的不同，常见的技术原理主要有三种：重铬酸钾消解 - 氧化还原滴定法、重铬酸钾消解 - 光度测量法和燃烧氧化 - 非分散红外吸收法（即干式 TOC）。

①重铬酸钾消解法的原理为：在强酸性加热条件下，水样中的有机物和无机物还原性物质被过量的重铬酸钾氧化，通过测量剩余的重铬酸钾来计算消耗的重铬酸钾量进而转换为 COD_{Cr} 的浓度值，测量过程中一般用硫酸银作为催化剂，用硫酸汞或硝酸银掩蔽氯离子干扰。根据检测方法的不同可分为光度比色法、氧化还原滴定法。

②燃烧氧化 - 非分散红外吸收法的原理为：样品在进样装置中酸化后，将无机碳转化为 CO_2，通过 N_2 去除 CO_2，有机物在燃烧管里燃烧氧化后生成 CO_2，用非色散红外分析仪测量，得到样品中的 TOC 浓度，参考 TOC 和 COD_{Cr} 的转换系数，将 TOC 浓度换算为 COD_{Cr} 浓度，其中转换系数应当根据水质的情况进行测量，一般通过每月的实际水样比对进行校验，如明显偏出，则应当重新制作校准曲线，修正转换系数。

（3）选型

①干法总有机碳分析仪因高温燃烧相对彻底，适用于污染较重水体或是复杂水体，测量速度快、盐酸试剂用量少，几乎无二次污染，但需考虑样品的 TOC-COD_{Cr} 转换系数对测定结果的影响，若影响较大，则耗能比较大，检出限相对较高；

②基于比色法原理的仪器，采用波长为 610nm 红光作为检测光源的仪器比采用波长为 470nm 黄光作为检测光源的仪器适应性强一些；

③基于库化滴定原理及氧化还原滴定原理的仪器对浊度、色度干扰的适应性更强，但也与仪器的生产质量相关。

表 2-3 COD_{Cr} 自动监测方法比较

分析方法	与 COD_{Cr} 实验室国标方法是否一致	做样时间	稳定性	维护量	环境友好性	抗干扰性
重铬酸钾消解 - 氧化还原滴定法	一致	慢	中	高	低	中
重铬酸钾消解 - 光度测量法	一致	慢	中	高	低	低
燃烧氧化 - 非分散红外吸收法	不一致	快	高	低	高	不确定

2.2.5.3　氨氮自动监测仪器分析原理及选型

（1）氨氮定义

水体中的氨氮是指以氨（NH_3）或铵离子（NH_4^+）形式存在的化合氨。

（2）测定原理

目前采用的氨氮测定方法主要为纳氏试剂分光光度法、水杨酸分光光度法和氨气敏电极法。

①纳氏试剂分光光度法的原理为：在碱性条件下，水中以游离态氨或铵离子等形式存在的氨氮与纳氏试剂反应生成淡红棕色络合物，分析仪器在 420nm 波长处测定反应液吸光度，根据吸光度值与氨氮浓度的线性关系，计算出氨氮的含量。

②水杨酸分光光度法的原理为：在碱性介质中（pH=11.7）且有亚硝基铁氰化钠存在时，水中氨、铵离子与水杨酸盐和次氯酸根离子反应生成蓝色化合物，在约 697nm 波长（或特定波长）处用分光光度计测定吸光度，根据吸光度值与氨氮浓度的线性关系，计算出氨氮的含量。

③氨气敏电极法的原理为：将水样导入测量池中，加入氢氧化钠使水样中离子态铵转换为游离态氨，游离态氨透过氨气敏电极的半透膜进入电极内部缓冲液，改变了缓冲液的 pH，仪器通过测量 pH 变化即可测量水样中的氨浓度。

（3）选型

①水杨酸分光光度法由于结构流路简单和便于操作，应用较为普遍，但是过高的钙镁离子浓度、余氯或浊度等可能会对测量产生干扰，根据测试现场的复杂程度，可选配相应的预处理系统。纳氏试剂分光光度法检出限高于水杨酸法。

②氨气敏电极法线性范围宽，抗浊度和抗色度干扰能力强，在特定工况下较为适用。该方法的缺点在于电极需要经常维护，测量稳定性不如分光光度法。

③出于免除基质干扰的目的，要优先选用带蒸馏、加热逐出的光度法仪器、气敏法或气相分子吸收法原理的仪器；若要得到更准确的测量结果，则需要选择分光光度法原理的仪器；基于环境友好性考虑，纳氏试剂分光光度法由于要用到有毒的重金属汞盐，这类光度法仪器将逐步被淘汰，在选型时需进行权衡。

表 2-4 氨氮自动监测方法比较

分析方法	测试精度	应用量	稳定性	维护量	维护成本	环境友好性	抗干扰性
纳氏试剂分光光度法	高	较少	高	低	低	低	低
水杨酸分光光度法	高	较多	高	低	低	中	低
氨气敏电极法	低	较少	低	高	高	高	高

2.2.5.4 总氮自动监测仪器分析原理及选型

（1）总氮定义

总氮是指测定的样品中溶解态氮及悬浮物中氮的总和，包括亚硝酸盐氮、硝酸盐氮、无机铵盐、溶解态氨及大部分有机含氮化合物中的氮，总氮是水体中各种形态的有机氮和无机氮的总和，其在水中的浓度应高于任何一种氮。

（2）测定原理

国内市场上的总氮水质自动分析仪大部分采用碱性过硫酸钾消解紫外分光光度法，适用于大部分水体，即在 120 ～ 124℃时，碱性过硫酸钾溶液使样品中含氮化合物的氮转化为硝酸盐，外用紫外分光光度法于波长 220nm 和 275nm 处，分别测定吸光度，最后计算得出总氮的含量。

（3）选型

目前国内绝大部分厂家使用碱性过硫酸钾氧化 - 紫外分光光度法。该方法具有操作步骤简单、试剂少等优点。碱性过硫酸钾氧化 - 紫外分光光度法用于自动水质分析仪时有高温消解和紫外消解两种方式，采用高温消解的厂家较多，紫外消解的效率可能不稳定。对于水样中铬、铁的干扰可以通过加掩蔽剂来消除，根据现场测试工况的复杂程度，可选配相应的预处理系统。

紫外分光光度法由于简单地消解后可直接测量，所以流程简单，试剂也简便，但由于在紫外区要进行双波长检测，因此仪器光源、光路、光学检测器的存在会导致仪器结构复杂、造价高，后期部件更换运维费用相对较高，检出限较高。另外，市面上还有一种总氮、总磷一体机，由于总磷一般会用到钼酸铵，在流程不够理想的情况下，联合运行会对总氮测试带来污染，导致总氮测试结果虚假过高。

2.2.5.5 总磷自动监测仪器分析原理及选型

（1）总磷定义

在天然水和废水中，磷几乎都以各种磷酸盐的形式存在，包括正磷酸盐、缩合磷酸盐（焦磷酸盐、偏磷酸盐和多磷酸盐）和有机结合的磷（如磷脂等），它们存在于溶液中、腐殖质粒子中或水生生物中。

（2）测定原理

总磷水质自动分析仪绝大部分采用钼酸铵分光光度法。

钼酸铵分光光度法：在 120 ～ 130℃、中性条件下，向水样中加入过硫酸钾溶液进行消解，水样中不同形态、价态的磷全部氧化为正磷酸盐；在酸性介质中，正磷酸盐与钼酸铵反应，在锑盐存在下生成磷钼杂多酸后，立即被抗坏血酸反应生成磷钼蓝，在波长 700nm（或 880nm）处测定吸光度，按吸光度的值查询标定曲线并计算总磷含量。

（3）选型

过硫酸钾 - 钼酸铵分光光度法测试准确度高、测试过程简单，水样中砷、铬的干扰可以通过试剂掩蔽消除。

过硫酸钾 - 钼酸铵分光光度法的检测波长有 700nm 和 880nm 两种。采用 880nm 波长检测具有两个优势，一是相对更灵敏一些，二是有较好的绕射能力，抗干扰能力强。由于过硫酸钾 - 钼酸铵分光光度法的显色明显、跨度大，对于同一台设备而言，采用 700nm 或 880nm 波长检测水样，在性能上并无明显差异。

2.2.5.6　pH 自动监测仪器分析原理及选型

（1）pH 定义

pH 即氢离子浓度指数（hydrogen ion concentration）是指溶液中氢离子浓度的负对数。

（2）测定原理

pH 测量的工作电极种类较多，有氢电极、醌 - 氰醌电极、金属锑电极、玻璃电极等，前 3 种电极在含有某些氧化性或还原性物质的溶液中，电极特性会发生变化，测量误差大、操作不便，因此目前应用最广泛的是玻璃电极。

玻璃电极法：pH 由测量电池的电动势而得。该电池通常以饱和甘汞电极为参比电极，玻璃电极由指示电极组成。25℃条件下，溶液中每变化 1 个 pH 单位，电位差改变 59.16mV，这在仪器上以 pH 的读数显示，而仪器内的去误差装置会将温度差异消除。

（3）注意事项

① pH 影响：为了减少测定误差，用 pH 标准缓冲液定位至与被测水样的 pH 相接近。当水样 pH ＜ 7.0 时，用硼砂缓冲液定位，以磷酸盐或硼砂缓冲液复定位；如水样 pH ＞ 7.0 时，用硼砂缓冲液定位，以邻苯二甲酸氢钾或磷酸盐缓冲液进行复定位。

②温度影响：温度对 pH 测定的准确性影响较大，需要进行温度补偿。

③钠离子干扰：必须考虑玻璃电极的“钠差”问题，即被测水样中钠离子的浓度对氢离子测定的干扰，特别是对 pH > 10.5 的高 pH 测定，必须选用优质的高碱 pH 电极，以减小“钠差”的影响。

2.2.6 数据采集控制单元

数据采集传输仪按照有关规范的要求采集主要污染物监测仪表的监测数据、状态等信息，进行计算和标记，通过网络将数据、状态、参数按规定的通信协议传输至监控平台，并可以接收监控平台的控制命令，实现控制监测监控设施的工作。

2.2.6.1 硬件

符合《污染源在线自动监控（监测）数据采集传输仪技术要求》（HJ 477—2009）的规定。

2.2.6.2 软件

（1）数据采集

①每分钟采集一次监测数据；

②每 10min 采集一次各仪器状态和运行参数数据。

（2）数据计算及标记

①流量、浓度小时均值的计算及标记

流量按分钟进行标记，包括 N（正常）和 D（故障）两种状态。小时累计值为状态 N 的算术平均乘以 60，N 状态不小于 45min 的，小时流量标记为 N，否则为 D。整小时都是 D 的，全部累计，标记为 D。

② pH、浓度小时均值的计算及标记

每分钟采集一个实时值，统计小时内所有流量 N 状态且 pH 为 N（正常）或 O（超标）状态的每分钟氢离子排放量，根据水电离平衡公式计算 pH 时均值。如 N 和 O 状态不小于 45min 的，时均值标记为 N，否则为 D。流量整小时都是 D 的取中位值按实际标记状态，全时段流量为 0 的取中位值，标记为 F（污染源停运）。

③除 pH 和流量外的监测因子的计算及标记

采用所有流量 N 状态下的监测数据加权平均计算小时值。全时段正常的按 O 或 N 标记；否则标记对应的 D、M（维护）、C（质控）、T（超量程）。全时段流量状态为 D 的，按算术平均计算小时值。全时段流量为 0 的按算术平均计算，标记为 F。

④小时排放量的计算

小时排放量按照 O、N、F 三类状态的时均值 ×N 状态累计流量 ×60÷N 的个数来计算，均值非 O、N、F 状态的或者整小时流量状态为 D 的，不计算小时排放量。

⑤日浓度均值计算及标记

选取同时满足监测因子 O、N、F 三类状态和流量 N 状态的时段，通过加权计算该因子日浓度均值。如选取的时段内设备运行时间占 75% 以上，则标记为有效 N，否则标记为 U（无效），如 1 日内没有 1 个小时同时满足上述条件的，则该项目计算算术平均，标记为 U（无效）。

⑥日排放量的计算

日排放量按照日均值 ×N 状态累计流量 ×24÷N 的个数计。日累计流量按照 N 状态累计流量 ×24÷N 的个数计，如日累计流量为 0，除 pH 外，则所有数据标记为 F（停运）。

（3）数据存储

①分钟数据至少保存 1 个月。

② 5min 数据、小时数据、日数据至少存储 12 个月，包括监测数据、各仪器运行状态数据、远程控制信息。

（4）数据上传

按照《污染物在线自动监控（监测）系统数据传输标准》（HJ 212—2017）报送 5min 数据、小时均值、日均值和对应的排放量，其中 MN 号由生态环境部门发放。

（5）远程控制

能接收上位平台信号并实现远程控制采样器远程采样、留样、仪器分析、状态参数数据上传以及门禁信息的上传。

（6）其他功能

①向视频监控系统硬盘录像机提供自动监测数据，用于视频信号数据叠加。

②接收站房门禁信号并存储。

③具有安全管理和日志管理功能。

2.2.6.3　通信协议

①主要污染物自动监测仪器仪表与数采仪的电器接口采用 RS-232/RS-485 接口，自动监控（监测）仪器仪表与数采仪的串行通信采用 Modbus RTU 标准。

②数据至上位平台的上传标准按照 HJ 212—2017 实行。

2.2.7　验收联网

依据《水污染源在线监测系统（COD_{Cr}、NH_3-N 等）验收技术规范》（HJ 354—2019）。

2.2.7.1　验收条件

设施安装调试检测合格，稳定联网至少 1 个月，建立运行维护方案。

2.2.7.2　验收内容及要求

（1）建设内容验收

包括排放口、流量、站房、采样单元、数据控制单元等。具体内容对照 HJ 354—2019 的要求。

（2）自动监测仪器验收

包括仪器单机技术验收和联网验收。

单机技术验收在调试检测合格之后，由具备相应资质和认证能力的环境检测机构按照技术规范要求进行验收检测，报告出具时间一般不应超过检测后 30 日。单机技术验收技术指标见表 2-5。

表 2-5　水污染源自动监测仪器验收项目及指标

仪器类型	验收项目		指标限值
超声波明渠流量计	液位比对误差		12mm
	流量比对误差		±10%
水质自动采样器	采样量误差		10%
	温度控制误差		±2℃
化学需氧量（COD_{Cr}）水质自动分析仪/总有机碳（TOC）水质自动分析仪	漂移（80% 量程上限值）		±10%F.S.
	准确度	有证标准溶液质量浓度＜30mg/L	±5mg/L
		有证标准溶液质量浓度≥30mg/L	±10%
	实际水样比对	（用质量浓度为 20～25mg/L 的标准样品替代实际水样进行测试）实际水样 COD_{Cr}＜30mg/L	±5mg/L
		30mg/L≤实际水样 COD_{Cr}＜60mg/L	±30%
		60mg/L≤实际水样 COD_{Cr}＜100mg/L	±20%
		实际水样 COD_{Cr}≥100mg/L	±15%

续表

仪器类型	验收项目		指标限值
氨氮（NH_3-N）水质自动分析仪	漂移（80% 量程上限值）		±10%F.S.
	准确度	有证标准溶液质量浓度＜ 2mg/L	±0.3mg/L
		有证标准溶液质量浓度≥ 2mg/L	±10%
	实际水样比对	实际水样氨氮＜ 2mg/L（用质量浓度为 1.5mg/L 的有证标准样品替代实际水样进行测试）	±0.3mg/L
		实际水样氨氮≥ 2mg/L	±15%
总磷（TP）水质自动分析仪	漂移（80% 量程上限值）		±10%F.S.
	准确度	有证标准溶液质量浓度＜ 0.4mg/L	±0.06mg/L
		有证标准溶液质量浓度≥ 0.4mg/L	±10%
	实际水样比对	实际水样总磷＜ 0.4mg/L（用质量浓度为 0.3mg/L 的有证标准样品替代实际水样进行测试）	±0.06mg/L
		实际水样总磷≥ 0.4mg/L	±15%
总氮（TN）水质自动分析仪	漂移（80% 量程上限值）		±10%F.S.
	准确度	有证标准溶液质量浓度＜ 2mg/L	±0.3mg/L
		有证标准溶液质量浓度≥ 2mg/L	±10%
	实际水样比对	实际水样总氮＜ 2mg/L（用质量浓度为 1.5mg/L 的有证标准样品替代实际水样进行测试）	±0.3mg/L
		实际水样总氮≥ 2mg/L	±15%
pH 水质自动分析仪	漂移		±0.5
	准确度		±0.5
	实际水样比对		±0.5

注：F.S. 全称 full scale，是传感器的指标相对于传感器的满量程误差百分数。

联网验收在调试检测合格之后向属地生态环境部门申领通信编码，数据稳定上传1个月后，任取其中不少于连续7天的数据进行检查，所有数据传输误差不得超过1%，并编制数据联网一致性报告。

（3）运行与维护方案验收

运行与维护方案应包含水污染源自动监测系统情况说明、运行与维护管理制度、作业指导书及运维档案，形成书面文件或者电子文件进行有效管理。

（4）现场故障模拟恢复试验

在水污染源连续自动监测系统现场验收过程中，人为模拟现场断电、断水和断气等故障，在恢复供电等外部条件后，水污染源连续自动监测系统应能正常自启动和远程控制。在数据控制单元中保存故障前完整分析的结果，并在故障过程中保证不丢失，数据控制系统完整记录所有故障信息。

2.2.7.3 验收程序

（1）验收主体

自动监测设施建设方自行组织验收。

（2）验收资料

应当包括安装合同、施工方案、调试检测报告、验收检测报告、数据传输技术报告、其他监控设施合同完成情况对照表、自动监测设备配件货物清单明细表、计量器具制造许可证、产品合格证、操作配置说明书、参数设置清单等。

（3）验收时间

自动监测设备符合技术规范以及合同的要求，资料齐全，验收时间不迟于自动监测设备验收报告出具时间后1个月。

2.3 废气自动监控现场端建设

2.3.1 基本架构

废气自动监控系统由颗粒物监测单元、烟气参数测量监测单元、气态污染物SO_2和NO_x监测单元、数据采集与处理单元组成，如图2-6所示。系统测量烟气中颗粒物浓度、气态污染物浓度、烟气参数（温度、压力、流速或流量、湿度、含氧量等），同时计算烟气中污染物排放速率和排放量，显示和记录各种数据和参数，上传至管理部门。

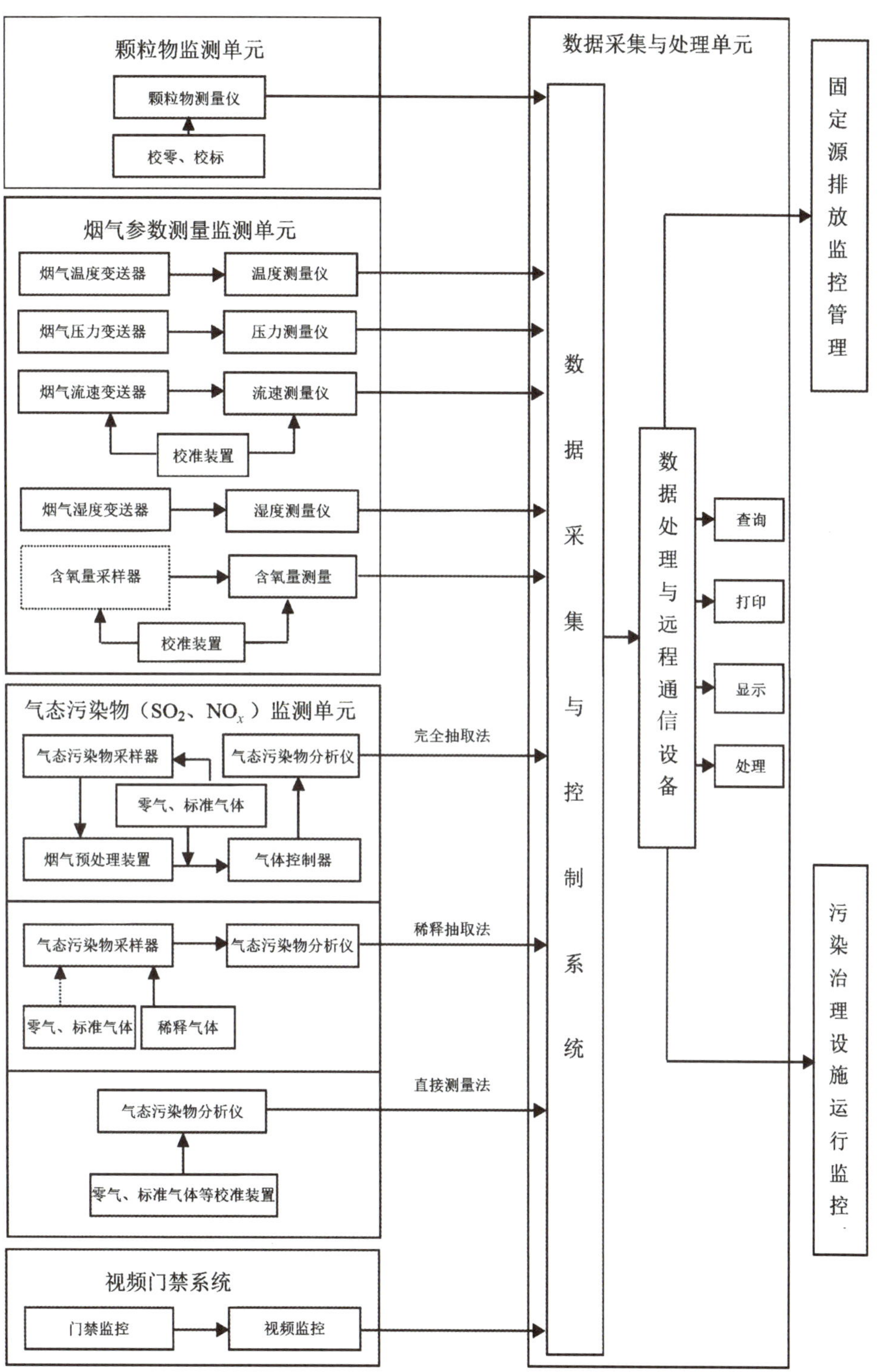

图 2-6　废气自动监控现场端组成示意图

废气自动监控系统的结构主要包括样品采集和传输装置、预处理设备、分析仪器、数据采集和传输设备以及其他辅助设备等。依据测量方式和原理的不同，废气自动监控系统由上述全部或部分结构组成。

2.3.2 排放口、采样点和采样平台建设

2.3.2.1 排放口设置

环境保护图形标志牌的设置应符合《环境保护图形标志——排放口（源）》（GB 15562.1—1995）的要求。

2.3.2.2 采样点设置

（1）总体要求

监测点位于烟气中颗粒物、气态污染物和流速分布相对均匀、排放状况有代表性的位置，在固定污染源排放控制设备的下游和手工参比方法监测断面的上游。尽可能选择在气流稳定的直管段，避开烟道弯头和断面急剧变化的部位和涡流区，不受环境光线和电磁辐射的影响，烟道振动幅度尽可能小，避开烟气中水滴和水雾的干扰，安装位置不漏风。

（2）颗粒物和流速监测点位设置

优先选择在垂直管段和烟道负压区域，在距弯头、阀门、变径管下游方向不小于 4 倍烟道直径，以及距上述部件上游方向不小于 2 倍烟道直径处。

（3）气态污染物监测点位设置

设置在距弯头、阀门、变径管下游方向不小于 2 倍烟道直径，以及距上述部件上游方向不小于 0.5 倍烟道直径处。当在排放口附近设置监测断面时，监测断面应设置在距离排放口 0.5 ～ 1.5 倍烟道直径处。矩形烟道直径按当量直径计算，当量直径 $D=2AB/(A+B)$，A、B 为边长。

（4）其他点位设置

当安装直管段不能满足上述要求时，参照以下方法确定监测点位：

①颗粒物的监测点位：当采用抽取式点测量时，应选择单点布设；当采用光度测定法时，应尽可能延长测量光程。

②气态污染物的监测点位：监测点位要求适度放宽，但布设在排气出口附近时，应设置在距离 0.5 ～ 1.5 倍烟道直径处，且避开涡流区。

③流速的监测点位：可根据固定源的具体情况选择安装符合点测量、线测量或面测量装置要求的点位。

2.3.2.3　采样平台设置

①采样平台长度应≥ 2m，宽度应≥ 2m 或不小于采样枪长度外延 1m，周围设置 1.2m 以上的安全防护栏，有牢固并符合要求的安全措施，便于日常维护（清洁光学镜头、检查和调整光路准直、检测仪器性能和更换部件等）和比对监测。

②采样平台应便于人员和监测仪器到达，当采样平台设置在离地面高度≥ 2m 的位置时，应有通往平台的斜梯（或 Z 字梯、旋梯），宽度应≥ 0.9m；当采样平台设置在离地面高度≥ 20m 的位置时，建议有通往平台的升降梯。

③当烟气自动监测系统（CEMS）安装在矩形烟道时，若烟道截面的高度＞ 4m，则不宜在烟道顶层开设参比方法采样孔；若烟道截面的宽度＞ 4m，则应在烟道两侧开设参比方法采样孔，并设置多层采样平台。

④在 CEMS 监测断面下游应预留参比方法采样孔，采样孔位置和数目按照《固定污染源排气中颗粒物测定与气态污染物采样方法》（GB/T 16157—1996）的要求确定。现有污染源参比方法采样孔内径应≥ 80mm，新建或改建污染源参比方法采样孔内径应≥ 90mm。在互不影响测量的前提下，参比方法采样孔应尽可能靠近 CEMS 监测断面。当烟道为正压烟道或烟道有毒气时，应采用带闸板阀的密封采样孔（图 2-7）。

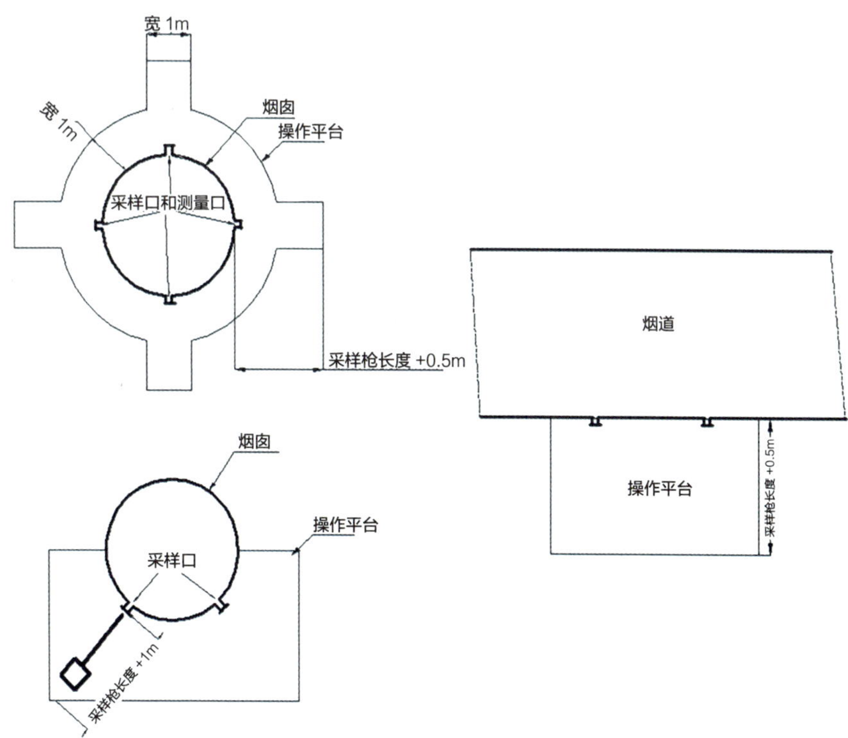

图 2-7　采样平台示意图

2.3.3 废气自动监控现场端站房建设要求

2.3.3.1 监测站房的基建要求

①废气自动监控系统提供独立站房，监测站房与采样点之间距离应尽可能近，原则上不超过 70m。

②独立设置的监测站房占地面积应满足不同监测站房的功能需要并保证仪器的摆放和维护，排气监测站房使用面积应≥ $12m^2$，长≥ 4m，宽≥ 3m，监测设备大于 4 台时，在监测站房设计之初应考虑增加面积，每增加一台仪器增加 $3m^2$，以此类推。站房顶空高度应不低于 2.8m。

③监测站房的地面应平整和水平、耐腐蚀、无震动，应保证所布管道中间不得有凸起或凹下。

④监测站房应建设在远离粉尘、烟雾、噪声、散发异味气体等地点，应避免通信盲区。

⑤监测站房内应提供干燥、清洁、无油、无尘、无污染因子的反吹气源，气源压要求为 0.6 ～ 0.8MPa。

⑥监测站房内应配备不同浓度的有证标准气体，且在有效期内。标准气体应当包含零气（即含 SO_2、NO_x 摩尔分数均≤ 0.1μmol/mol 的标准气体，一般为高纯 NO_2，纯度≥ 99.999%；当测量烟气中 CO_2 时，零气中 CO_2 摩尔分数≤ 400μmol/mol，含有其他气体的浓度不得干扰仪器的读数）和 CEMS 测量的各种气体（SO_2、NO_x、O_2）的量程标气，以满足日常零点和量程校准、校验的需要。低浓度标准气体可由高浓度标准气体通过经校准合格的等比例稀释设备获得（精密度≤ 1%），也可单独配备。

2.3.3.2 监测站房硬件要求

①监测站房的基础荷载强度为 2 000kg/m^2。

②独立设置的监测站房可以采用砖混或钢混的结构，应具有防火阻燃、防潮、抗震和抗风能力。

③站房地面高度应根据当地水位和降水量水平决定（一般站房地面标高≥ 0m）。

④监测站房的供电电源应能满足仪器运行的需求，供电电源电压在接至站房内总配电箱处的电压降小于 5%。供电线路应符合《建筑电气工程施工质量验收规范》（GB 50303—2015）的相关要求。

⑤电源供电平稳，电压波动和频率波动符合《电能质量　电压波动和闪变》

（GB 12326—2008）的要求。对于电压不稳定和经常断电的地区，宜使用与其功率匹配的交流电源稳压器以保护仪器。电源线引入方式应符合国家标准。监测房室内管线、分析仪器设备应和配电柜、仪表柜等保持一定的距离。

2.3.3.3　监测站房的内部配置

①监测站房通风应满足自动监测的环境条件，应设计进风及出风排气扇。

②监测站房室内环境应保持清洁、通风、干燥、空气相对湿度≤ 60%，室内温度应保持在 15 ～ 30℃。站房内应备有空调，保证室内温度恒定，且要求空调具备来电自动复位功能，同时应当采取必要的保温措施。

③站房内应有专门放置和固定标准气体高压气瓶的区域。

④监测站房内应配有干粉或二氧化碳灭火器，以备电器或化学品燃烧时灭火使用，灭火装置应放置于站房门口左右位置。

⑤监测站房外应有雨水排出系统。

2.3.3.4　监测站房的内部布局

①进入站房内的管路或线路应标明相应的用途。

②规则制度上墙美观大方，运维人员信息、联系方式、各自动监测仪工作原理、主要技术参数应在墙上显著位置显示。

③监测站房应划分功能区域，按规范进行地面标识。

④仪器的摆放应方便操作与设备检修，有效利用室内面积，仪器左右两边距离墙面应不小于 600mm，后方距离墙面应不小于 900mm。

2.3.3.5　视频门禁

（1）安装点位

①排污口及采样区。用于监视污染排放情况，安装点位监视画面能覆盖废气监测平台和采样区，根据具体情况可增加一个排放口的视频监视点。

②监控站房。监控探头的视角不得有遮挡，用于监视站房内监测设备运行状况、人员进出和日常运维实施。

③治理设施。用于监控废气治理设施是否开启和正常运行。

（2）电子门禁设施的建设运行

符合《浙江省污染源自动监控现场端视频监控及站房门禁系统建设技术要求（试行）》，站房电子门禁控制器与数据采集仪的连接采用 RS-232/RS-485 电气接口，执行 Modbus RTU 标准，采用局域网组网的执行 TCP/IP 协议，向上位平台传输有关信息。

（3）视频系统的建设运行

符合《浙江省污染源自动监控现场端视频监控及站房门禁系统建设技术要求（试行）》。数据采集仪和视频录像机需要进行字幕叠加时，数据采集仪通过标准 HJ 212—2017 的实时数据传输命令向视频录像机发送实时数据，视频录像机进行字幕叠加。

2.3.4 气态污染物自动监测仪器

2.3.4.1 气态污染物采样方式

气态污染物连续自动监测的对象主要是 SO_2、NO_x、HCl、CO、O_2 等的含量，同时监测烟气温度、压力、流速、湿度等参数。目前，仪器的采样方式主要分为两种：抽取采样法和直接测量法，抽取采样法又分为直接抽取法和采样稀释法；直接测量法又分为内置式测量和外置式测量（图 2-8）。

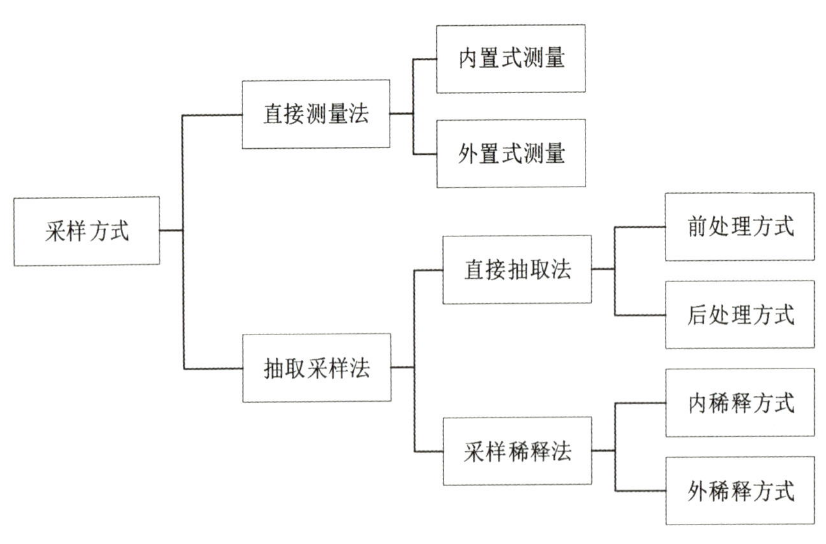

图 2-8 采样方式

目前常采用直接抽取法和采样稀释法。直接抽取系统是从烟道或管道抽气、滤除颗粒物，将烟气送入分析仪的系统，常用类型有热湿法和冷干法两种。采样稀释系统是从烟道或管道抽气、滤除颗粒物，用干燥的空气在探头内进行等比例稀释后进行测量的系统（表 2-6）。

表 2-6　各类方法对比

测量方式	优点	缺点
抽取冷干测量法	有效降低除湿过程造成的水溶性组分损失，去除水分对样气组分测量的干扰；降低烟气对系统部件的腐蚀性；可直接测量各组分的干基浓度	经过气体预处理，容易导致气体成分变化，预处理环节容易发生故障，导致故障发生率高
抽取热湿测量法	全程高温加热，保证烟气不结露，不会造成组分的损失；烟气预处理环节较少，降低吸附、黏附等可能造成的测量误差；若采用傅里叶红外测量技术可以完成多种气态污染物的测量，也可同时测量	水分对大部分组分测量有干扰，必须准确完成水分测量，并定期进行有效校准；系统各部件的耐腐蚀性和使用寿命要求较高；测量结果为各组分的湿基浓度，需要将湿基浓度转换为干基浓度
采样稀释法	由于大比例稀释，样气中粉尘、水分及 SO_2 等腐蚀性气体的影响极大地降低，对预处理要求很低；样气传送无须伴热，节约能源，减少水分和提高过滤器寿命；样气经过稀释，降低了水分对测量的干扰	稀释气体处理要求高，难度大，且必须连续供给，增加了使用成本；校准需在探头处进样，校准周期长，成本高；稀释比例难以控制，微小变化会直接影响测量结果；测量结果为各组分的湿基浓度，需要将湿基浓度转换为干基浓度

2.3.4.2　气态污染物自动监测设备原理

气态污染物的常用测量方法见表 2-7。

表 2-7　气态污染物常用测量方法

SO_2	NO_x	CO	HCl
非分散红外法 非分散紫外法 傅里叶红外法 紫外荧光法	非分散红外法 非分散紫外法 傅里叶红外法 化学发光法	非分散红外法 傅里叶红外法	激光法 傅里叶红外法

（1）非分散红外法

SO_2 和 NO_x 等许多其他气体吸收红外光（例如，SO_2 吸收 7 300nm、NO 吸收 5 300nm 的红外光）。利用污染物分子吸收不同特征波长光的特点，能够测量出不同种类污染物的含量。非分散红外分析仪主要检测 SO_2、NO_x、CO、CO_2、HCl 等的含量。

（2）非分散紫外法

非分散紫外分析仪在 UV 区运行，应用差分吸收技术。仪器测量 SO_2 对紫外光的吸收，SO_2 吸收带中心波长为 285nm，将 285nm 波长处的吸收与 578nm 波长处的吸收进行比较，578nm 波长处没有 SO_2 吸收。采用差分技术，用参比波长代替参比气室，从而计算出污染物含量。

（3）傅里叶红外法

基于光相干性原理设计的傅里叶变换红外吸收光谱仪（FTIR），光谱测量范围为 2 500 ～ 25 000nm，能够同时测量 50 种化合物，响应时间极快，交叉干扰少。FTIR 光谱技术在宽的光谱范围内提供样品气体总的吸收光谱图，最大特点是不需要对照参考物质频繁地校准分析仪，一旦仪器经过校准，校准数据即保存在光谱库软件中。

（4）紫外荧光法

紫外荧光方法测量 SO_2 的原理是当 190 ～ 230nm 附近的紫外光照射到 SO_2 气体后，SO_2 分子吸收紫外光的能量后受激发从高能级返回基态时发出荧光，荧光强度大小反映出 SO_2 的浓度大小。当 220nm 的紫外光强恒定时，通过测量荧光强度的大小即可求出被测气体介质中 SO_2 的含量。紫外荧光法对 SO_2 的检测灵敏度很高，可以检测低浓度 SO_2，同时动态范围和线性度也比较好，因此被广泛地应用在环境空气质量监测系统中。使用紫外荧光法测量高浓度 SO_2 气体时，需要配接稀释采样器。

（5）化学发光法

化学发光是由化学反应产生的光能发射。NO_x 等化合物吸收化学能后，被激发到激发态，由激发态返回至基态时，以光量子的形式释放能量。通过测量化学发光强度对物质进行分析测定的方法称为化学发光法，有若干方法可以对 NO_x 进行化学发光测定，最广泛使用的是臭氧的发光反应。该反应的发射光谱范围在 600 ～ 200nm，最强发光波长为 1 200nm。化学发光法测量 NO 的灵敏度高、选择性好，对于多种物质共存的气体，通过化学发光反应和发光波长选择，可不经分离并有效测定到 ppb 级。

2.3.4.3 选型要点

（1）焚烧炉废气自动监测系统

垃圾焚烧所产生的气体污染物成分复杂、含水量高，除排放标准中有限值要求的 SO_2、NO_x、CO、HCl 外，还有许多未知成分的高沸点化合物（二噁英类），监测组分多，相互之间干扰影响大，仪器测量不确定度大，分析技术要求高。此外，烟气湿度大，腐蚀性强，对仪器探头和管线的耐热保温性能要求高，对仪器部件的耐腐蚀性能要求高，污染物浓度波动大，对仪器分析能力要求高。一般采用抽取热湿测量法比较适合。

（2）燃煤锅炉废气连续监测系统

燃煤锅炉所产生的气体污染物主要含有 NO_x、SO_2、CO_2 和 CO 以及飞灰等成分。

燃煤锅炉废气首先对气体脱硫脱硝，其次对粉尘利用布袋除尘器等措施进行除尘治理。经过处理后的烟气成分相对简单。常规的气体污染物连续监测项目有 SO_2、NO_x。烟气温度一般为 40 ～ 100℃，烟气湿度一般为 10% ～ 20%，污染物浓度的波长相对稳定。一般采用抽取冷干测量法比较适合。

（3）超低排放废气自动监控系统

目前没有烟气再热器（GGH 等）进行脱水的脱硫系统，出口烟气中水分含量很高，一般为 14% ～ 20%，而且烟气温度普遍在 40 ～ 80℃，对主分析测量 SO_2 产生干扰，这就使得分析仪对除水效果要求特别高。一般采样稀释法或抽取冷干测量法比较适合。

2.3.4.4　安装要点

气态污染物主要采用抽取采样法测量，因此只对该方法安装要点进行说明。

（1）完全抽取式监测设备

安装法兰应上倾 5° 焊接，采样孔的法兰与联接法兰的几何尺寸极限偏差不得大于 5mm，法兰端面垂直度的极限偏差不得大于 2‰。设备的安装法兰通过焊接或水泥固定在烟道上，安装法兰之间加耐热垫密封，用螺栓连接紧固。采样头、采样管、伴热管各连接处应严格密封。

（2）稀释抽取式监测设备

安装法兰通过焊接或水泥固定在烟道上，安装法兰之间加耐热垫密封，用螺栓连接紧固。外稀释抽取式监测设备的安装法兰要求同上。

2.3.5　颗粒物自动监测仪器

2.3.5.1　测量方法

按测量方式可分为直接测量法和抽取测量法。常用测量方法主要有对穿法、光散射法、β 射线法。

2.3.5.2　设备原理

（1）对穿法烟尘仪

单光程测尘仪：光源发射端与接收端在烟道或烟囱两侧。

双光程测尘仪：光源发射端与接收端在烟道或烟囱同一侧，由发射／接收装置和反射装置两部分组成。

测量原理：发射装置的发射光强为 I_0 的光束，经过烟道或烟囱的烟气这一介质层后光强降低，通过接收装置测得光强 I，单位体积烟气分布的烟尘颗粒的个数与光强削弱度呈一定相关性，据此计算出烟尘浓度。

（2）光散射法烟尘仪

测量原理：将一激光束投射入烟道／烟囱，激光束与烟尘颗粒相互作用产生散射，散射光的强弱与烟尘的散射截面成正比，当烟尘浓度升高时，烟尘的散射截面成比例增大，散射光增强，通过测量散射光的强弱，可以得到烟尘中烟尘颗粒物的浓度。根据接收器与光源角度的大小可分为前散射、边散射和后散射。

（3）β 射线吸收法烟尘仪

测量原理：当仪器按规定流量抽取空气样品时，气体通过带状滤纸过滤，使粉尘集中到该滤纸上，捕集前和捕集后的滤纸经 β 射线照射并测定透过滤纸的 β 射线强度，便能间接测出附在滤纸上的粉尘质量。

2.3.5.3 选型要点

颗粒物自动监测方法对应不同的工况，具体见表 2-8。

表 2-8 颗粒物测量各种方法对比

单位：mg/m³

指标	直接测量方式			抽取测量方式	
	对穿法	后散射法	前散射法	边散射法	β 射线法
最小量程	0 ～ 10	0 ～ 10	0 ～ 5	0 ～ 5	0 ～ 1
最大量程	0 ～ 1 000	0 ～ 300	0 ～ 200	0 ～ 200	0 ～ 1 000
适用场所和测量方式	中、低浓度粉尘 干烟气（非饱和） 近似点测量	中、低浓度粉尘 干烟气（非饱和） 近似点测量	低粉尘 干烟气（非饱和） 近似点测量 排放断面较小	低粉尘 高湿烟气 点测量 样品加热预处理，等速跟踪采样	低粉尘 高湿烟气 点测量 等速跟踪采样，直接测量质量浓度
特点	具有点位代表性，受烟气水汽干扰影响大，费用相对较低	具有点位代表性，受烟气水汽干扰影响大，费用相对较低	具有点位代表性，受烟气水汽干扰影响大，耐腐蚀要求高	具有点位代表性，受烟气水汽干扰影响小，精度高，费用相对较高	具有点位代表性，受烟气水汽干扰影响小，精度高，费用高，注意放射源安全

2.3.5.4　安装要点

测定位置应避开烟道弯头和断面急剧变化的部位，对于圆形烟道，颗粒物 CEMS 应设置在距弯头、阀门、变径管下游方向≥ 4 倍烟道直径，以及距上述部件上游方向≥ 2 倍烟道直径处；便于颗粒物参比方法的校验和比对监测，测量仪器不宜安装在烟道内烟气流速＜ 5m/s 的位置。若一个固定污染源通过多个烟道或管道后进入该固定污染源的总排气管时，测量仪器应尽可能安装在总排气管上，但要便于用参比方法校验；不得只在其中一个烟道或管道上安装，并将测定值作为该污染源的排放结果；但允许在每个烟道或管道上安装。

采用直接测量对穿法仪表，烟囱或烟道的对穿口需对正；采用直接测量散射法仪表，法兰朝内略向下倾斜 3° ～ 5° 开孔安装，以防集水。保持镜片面静压，提供的风机功率大小要与测量点位（烟囱或烟道）的烟气相对压力匹配。

采用抽取测量法，采样探杆法兰要朝内向下倾斜 15° 开孔安装，管路两端的仪表端要高于探杆端，中间要顺直，不能出现“U”形，烟气流速信号接入，进行等速采样。

2.3.6　氧量自动监测仪器

2.3.6.1　测量方法

烟气 CEM 中常用的氧分析法有氧化锆分析法、顺磁 / 热磁氧分析法、电化学法。

2.3.6.2　设备原理

（1）氧化锆分析仪

测量原理：氧化锆是一种固体电介质，它具有离子导电性质，是测量装置中将烟气氧浓度转换成电信号的关键元件。在 600℃以上高温条件下，氧化锆测量管内外两侧通以含某氧浓度的气体，氧化锆管的高氧分压面（通空气的氧化锆管内壁）发生还原反应：$O_2+4e \longrightarrow 2O^{2-}$，管内壁氧化锆给出电子而带正电，生成的 O^{2-} 通过氧化锆空穴到达低氧分界面。低氧分压在氧化锆管外侧，它的表面发生氧化反应：$2O^{2-} \longrightarrow O_2+4e$，氧化反应生成电子，使管外壁电极带负电，从而产生浓差电势 E。在固定的高温下，氧浓差电势 E 的大小与参比气体氧分压（一般用空气值，为 20.6Pa）和烟气中的氧分压有关，通过计算得出烟气中氧含量。

（2）顺磁 / 热磁氧分析仪

根据氧气的体积磁化率比一般气体高得多、在磁场中具有极高的顺磁特性的原理制成的一种测量气体中含氧量的分析仪器。

（3）电化学法氧分析仪

电化学法氧分析仪的核心元件是电化学氧气传感器，由一个传感电极（或工作电极）和一个对电极组成，两个电极间有一层薄薄的电解液。测量原理：样气先通过一个小的毛细口传感器，然后通过疏水膜扩散进入传感器里的气体在感应电极发生氧化/还原反应，电极间连接一个电阻，阴极和阳极间会产生一个与氧浓度成正比的电流，通过检测这个电流，可反映出气体中的氧浓度。

2.3.6.3 选型要点

通常与气态污染物 CEMS 组成一套仪器，氧化锆分析仪适用于热湿法测量，测量精度高、费用高；电化学法和顺磁/热磁氧分析仪适用于抽取式冷干法测量，电化学法氧分析仪成本低而使用寿命短，顺磁/热磁氧分析仪成本较高，使用寿命长。

2.3.6.4 安装要点

同气态污染物要求一样。

2.3.7 其他烟气参数连续监测仪器

2.3.7.1 烟气流速

常用的烟气流速测量方法有 S 型皮托管法、平均压差皮托管法和超声波法等。

（1）S 型皮托管法流速仪

测量原理：采用 S 型皮托管，测量时将皮托管探头插入烟囱或烟道中，使探头中心轴线处于过流断面中心且与流线方向一致，探头全压测孔正对来流，静压测孔背对来流，分别将全压静压传递给传感器，传感器测得差压值即动压，动压与烟气流速有关，流速大则动压大，无流速时动压为 0。从而根据计算公式及动压、烟气气体常数、皮托管修正系数等计算出流速数值。

（2）平均压差皮托管法流速仪

测量原理：是皮托管的改进型，管上有 4 个或 4 个以上的孔，该测孔位置为圆形烟道截面同心环中心线与直径线的交点或矩形烟道截面上设置的手工法测定（一个测孔）流速的测点。测孔面对气流方向测出烟道直径范围内或测量线上的平均压力，高压测孔后为静压测孔，可根据计算公式及动压、烟气气体常数、皮托管修正系数等计算出流速数值。

（3）超声波法流速仪

测量原理：在烟囱或烟道中设置两个超声波传感器，既可发射超声波又可接收超声波，一个装在管道的上游，一个装在下游，超声波与烟气流向成一定角度，声波的传输时间与烟气流速有一定关系，因此可根据声波的传输时间计算烟气流速。

2.3.7.2　烟气温度

常用的有热电阻温度仪和热电偶温度仪。

（1）热电阻温度仪

测量原理：基于金属导体的电阻值随温度的增加而增加这一特性来进行温度测量。

（2）热电偶温度仪

测量原理：将两种不同材料的导体或半导体焊接起来，构成一个闭合回路。由于两种不同金属所携带的电子数不同，当两个导体的接合点之间存在温差时，高电位就会向低电位放电，在回路中形成电流，温度差越大，电流越大，这种现象称为热电效应，也叫塞贝克效应，热电偶就是利用这一效应来测量温度的。

2.3.7.3　烟气压力

烟气压力计测压元件通常是膜片，在烟气压力的作用下，膜片发生弹性变形，产生相应的位移，将位移量转换成相应的电信号，从而计算出烟气压力值。

2.3.7.4　烟气湿度

目前常用的是氧传感器连续测定法和阻容湿度传感器。

（1）氧传感器连续测定法

测量原理：由 CEMS 系统配置的氧传感器测定烟气除湿前后氧含量，进而计算烟气中的水分。

（2）阻容湿度传感器

当空气中的水蒸气吸附在感湿膜上时，元件的电阻率和电阻值都发生变化，利用这一特性即可测量湿度。

2.3.8　数据采集控制单元

数据采集传输仪按照有关规范的要求采集主要污染物监测仪表的监测数据、状态等信息，进行计算和标记，通过网络将数据、状态、参数按规定的通信协议传输至监控平台，并接收监控平台的控制命令，实现控制监测监控设施的目的。

2.3.8.1 硬件

符合《污染源在线自动监控（监测）数据采集传输仪技术要求》（HJ 477—2009）的规定。

2.3.8.2 软件

（1）数据采集

①每分钟采集一次监测数据；

②每分钟采集一次各仪器状态参数和运行参数。

（2）数据计算及标记

①分钟浓度均值。颗粒物质量浓度、气态污染物体积/质量浓度、烟气含氧量、烟气流速和流量、烟气温度、烟气静压、烟气湿度。若测量结果有湿/干基不同转换数值，则应同时记录该测量值工况湿基的测量数据和标况干基的计算数据；若无转换数值，则两者数据一致，主要在颗粒物和稀释法的污染物及氧量计算时涉及。对污染因子的标况干基数据根据实际情况进行标记，F（停运不小于45min，按氧量和温度判定）、T（超量程）、O（超标）、N（正常）为有效数据；D（故障大于15min）、M（维护大于15min）、C（校准，即质控大于15min）为无效数据。

②小时浓度均值和小时排放量为1小时内所有有效分钟数据的算术平均值，包括颗粒物质量浓度和折算浓度、颗粒物排放量、气态污染物质量浓度和折算浓度、气态污染物排放量、烟气含氧量、烟气流量、烟气温度、烟气静压、烟气湿度。氧量采用直测法的，应当采用干氧含量折算，不得使用湿氧，如标准中没有基准氧含量，则折算值等于干基实测。标记顺序为F→D→M→C→T→O→N。

③日数据和日排放量。包含本日至少20h的有效小时数据，数据为该时段的算术平均值，标记为有效N；如本日小时有效数据不足，则计算所有小时数据，标记为无效U。数据主要包括颗粒物质量浓度和排放量、气态污染物质量浓度和排放量、烟气含氧量、烟气流量、烟气温度、烟气静压、烟气湿度等，采用算术平均法。日排放量按有效小时排放量累计×24/N、O、F状态的时间（小时）。

④月数据和月排放量。应包含本月至少25d（其中2月份至少23d）的日有效数据，数据均为该时段的平均值，本月日有效数据不足时也应计算。数据主要包括颗粒物排放量、气态污染物排放量、烟气含氧量、烟气流量、烟气温度、烟气静压、烟气湿度等。

（3）数据存储

①分钟数据、各仪器运行状态数据至少存储1个月；

② 5min 数据、小时数据、日数据至少存储 12 个月，包括监测数据、远程控制信息。

（4）数据上传

按照《污染物在线自动监控（监测）系统数据传输标准》（HJ 212—2017）报送 5min 数据、小时均值、日均值和对应的排放量，监测设备 MN 号由生态环境部门发放。

（5）远程控制

能接收上位平台信号实现状态参数提取以及门禁信息的提取。

（6）其他功能

①向视频监控系统硬盘录像机提供自动监测数据，用于视频信号数据叠加；

②接收站房门禁信号并存储；

③具有安全管理和日志管理功能。

2.3.8.3　通信协议

①主要污染物自动监测仪器仪表与数采仪的电器接口采用 RS-232/RS-485 接口，烟气参数可采用模拟信号的方法进行链接，自动监控（监测）仪器仪表与数采仪的串行通信采用 Modbus RTU 标准。

②数据至上位平台的标准按照 HJ 212—2017 实行。

2.3.9　参数公式设置

参考《固定污染源烟气（SO_2、NO_x、颗粒物）排放连续监测技术规范》（HJ 75—2017）附录 A 与附录 C。

2.3.10　验收联网

2.3.10.1　验收条件

CEMS 按照技术规范完成安装和调试检测，并至少稳定运行 7d 后，可组织实施技术验收工作。

2.3.10.2　CEMS 验收内容及要求

包括技术验收和联网验收。

（1）CEMS 技术验收内容

①颗粒物 CEMS 技术指标验收。包括颗粒物的零点漂移、量程漂移和准确度验收，至少获取 5 个同时段测试断面值数据对。

②气态污染物 CEMS 和氧气 CMS 技术指标验收。包括零点漂移、量程漂移、示值误差、系统响应时间和准确度验收。

现场验收时，先做示值误差和系统响应时间的验收测试，不符合技术要求的，可不再继续开展其余项目验收。

通入零气和标气时，均应通过 CEMS 系统，不得直接通入气体分析仪。

准确度验收时 CEMS 同步测量烟气中气态污染物和氧气浓度，至少获取 9 个数据对，每个数据对取 5 ～ 15min 的均值。

③烟气参数 CMS 技术指标验收内容。包括流速、烟温、湿度准确度验收。

采用参比方法与流速、烟温、湿度 CMS 同步测量，至少获取 5 个同时段测试断面值数据对，分别计算流速、烟温、湿度 CMS 准确度。

④示值误差、系统响应时间、零点漂移和量程漂移验收技术要求（表 2-9）。

表 2-9　示值误差、系统响应时间、零点漂移和量程漂移验收技术要求

检测项目			技术要求
气态污染物 CEMS	SO_2	示值误差	当满量程≥ 100μmol/mol（286mg/m^3）时，示值误差不超过 ±5%（相对于标准气体标称值）；当满量程＜ 100μmol/mol（286mg/m^3）时，示值误差不超过 ±2.5%（相对于仪表满量程值）
		系统响应时间	≤ 200s
		零点漂移、量程漂移	不超过 ±2.5%
	NO_x	示值误差	当满量程≥ 200μmol/mol（410mg/m^3）时，示值误差不超过 ±5%（相对于标准气体标称值）；当满量程＜ 200μmol/mol（410mg/m^3）时，示值误差不超过 ±2.5%（相对于仪表满量程值）
		系统响应时间	≤ 200s
		零点漂移、量程漂移	不超过 ±2.5%

续表

检测项目			技术要求
氧气 CMS	O_2	示值误差	±5%（相对于标准气体标称值）
		系统响应时间	≤ 200s
		零点漂移、量程漂移	不超过 ±2.5%
颗粒物 CEMS	颗粒物	零点漂移、量程漂移	不超过 ±2.0%

注：NO_x 以 NO_2 计。

⑤准确度验收技术要求（表 2-10）。

表 2-10　准确度验收技术要求

检测项目			技术要求
气态污染物 CEMS	SO_2	准确度	排放浓度≥ 250μmol/mol（715mg/m³）时，相对准确度≤ 15%
			50μmol/mol（143mg/m³）≤排放浓度< 250μmol/mol（715mg/m³）时，绝对误差不超过 ±20μmol/mol（57mg/m³）
			20μmol/mol（57mg/m³）≤排放浓度< 50μmol/mol（143mg/m³）时，相对误差不超过 ±30%
			排放浓度< 20μmol/mol（57mg/m³）时，绝对误差不超过 ±6μmol/mol（17mg/m³）
	NO_x	准确度	排放浓度≥ 250μmol/mol（513mg/m³）时，相对准确度≤ 15%
			50μmol/mol（103mg/m³）≤排放浓度< 250μmol/mol（513mg/m³）时，绝对误差不超过 ±20μmol/mol（41mg/m³）
			20μmol/mol（41mg/m³）≤排放浓度< 50μmol/mol（103mg/m³）时，相对误差不超过 ±30%
			排放浓度< 20μmol/mol（41mg/m³）时，绝对误差不超过 ±6μmol/mol（12mg/m³）
	其他气态污染物	准确度	相对准确度≤ 15%
氧气 CMS	O_2	准确度	> 5.0% 时，相对准确度≤ 15%
			≤ 5.0% 时，绝对误差不超过 ±1.0%

续表

检测项目			技术要求
颗粒物CEMS	颗粒物	准确度	排放浓度＞200mg/m^3时，相对误差不超过±15%
			100mg/m^3＜排放浓度≤200mg/m^3时，相对误差不超过±20%
			50mg/m^3＜排放浓度≤100mg/m^3时，相对误差不超过±25%
			20mg/m^3＜排放浓度≤50mg/m^3时，相对误差不超过±30%
			10mg/m^3＜排放浓度≤20mg/m^3时，绝对误差不超过±6mg/m^3
			排放浓度≤10mg/m^3，绝对误差不超过±5mg/m^3
流速CMS	流速	准确度	流速＞10m/s时，相对误差不超过±10%
			流速≤10m/s时，相对误差不超过±12%
温度CMS	温度	准确度	绝对误差不超过±3℃
湿度CMS	湿度	准确度	烟气湿度＞5.0%时，相对误差不超过±25%
			烟气湿度≤5.0%时，绝对误差不超过±1.5%

注：NO_x以NO_2计，以上各参数区间划分以参比方法测量结果为准。

（2）联网验收

数据采集和处理子系统稳定运行一周后，对数据进行抽样检查，对比上位机接收的数据和现场机存储的数据是否一致，精确至1位小数，出具联网一致性报告。

2.3.10.3 验收程序

（1）验收主体

自动监测（监控）设施建设方自行组织验收。

（2）验收资料

应当包括安装合同、施工方案、调试检测报告、验收检测报告、数据传输技术报告、其他监控设施合同完成情况对照表以及自动监测监控设备配件货物清单明细表、计量器具制造许可证、产品合格证、操作配置说明书、参数设置清单。

（3）验收时间

自动监测（监控）设备符合技术规范以及合同的要求，资料齐全，验收时间不迟于自动监测设备验收检测报告出具时间1个月。

2.4　监控中心及平台建设

2.4.1　架构

浙江省建设省、市、县三级环境监控中心，搭载全省污染源自动监控管理工作。省级监控中心实现全省污染源自动监测数据和监控信息的传输、归集、审核、存储和分析，省市两级监控中心部署数据通信服务器和共享中间库，实现本地的数据传输和共享应用。县级监控中心作为本地自动监测数据存储的备份。具体架构如图 2-9 所示。

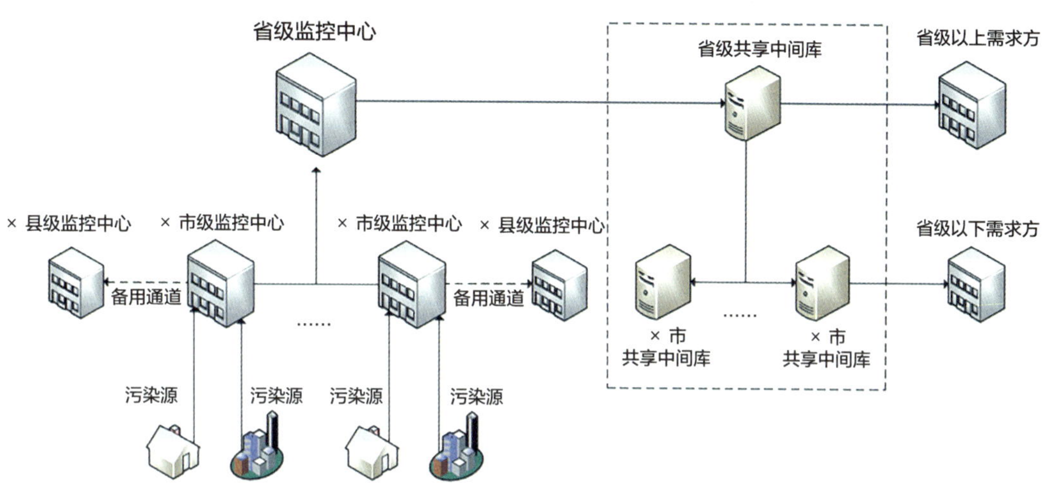

图 2-9　浙江省污染源自动监控中心架构

2.4.2　监控中心建设要求

2.4.2.1　省级监控中心

为保障全省污染源自动监控平台正常运行，省级监控中心主要配备数据处理与存储备份单元、数据传输网络与安全单元、自动监控平台单元、视频监控单元、多媒体展示单元和基础设施单元等软硬件系统。

（1）数据处理与存储备份单元

主要由服务器、存储设备、备份设备等硬件和操作系统、数据库、备份软件等组成，为污染源自动监测（监控）数据提供存储、处理和应用的一个可扩展、稳定可靠、安全的支撑平台。

（2）数据传输网络与安全单元

用于自动监测（监控）数据和视频图像数据的安全传输及交换，实现本地环保专网内部网络与主干网的连接，是专网的主要节点，一般由核心交换机、接入交换机、边界防火墙、IDS/IPS、防病毒软件等网络安全软硬件设备组成。

（3）自动监控平台单元

为全省各级生态环境部门和运维人员提供自动监控日常运维管理平台，包括网络巡检、运维管理、数据审核、监控管理、报表应用以及数据共享等功能，还包括系统部署应用服务器两台、数据中心服务器一台、中间库服务器一台。

（4）视频监控单元

实现对全省污染源的污染物排放状态、监测仪器工作状态等情况的图像监控，硬件为通用服务器，软件采用业务组件化技术，包括视频监控、联网网关、流媒体等组件。通过接入视频监控、报警检测等设备，获取边缘节点数据，实现安防信息化集成与联动。

（5）多媒体展示单元

自动监测数据、视频监控数据以图像和声音等多媒体信号进行处理和展示，是环境监控中心的表现层，为监控中心提供优良的视听条件，并兼顾其他视频会议。主要由投影显示设备、音视频信号处理设备、数字会议设备、音响扩声设备和集中控制设备等部分组成。

（6）基础设施单元

保障监控中心各系统稳定运行所提供的必需物理环境及其他设备，包括供配电系统、UPS、综合布线系统、照明、温湿度控制系统、防雷系统、动力环境监控、门禁及视频、装修装饰等。

2.4.2.2 市县监控中心

除数据存储和自动监控平台单元外，市、县监控中心其他单元与省级监控中心基本相同。

（1）自动监控平台

市、县两级监控中心统一使用省级自动监控平台。市级监控中心仅保留数据传输通道，县级监控中心作为备用通道。

（2）数据传输和存储系统

市级监控中心一般配备两台服务器，一台用于接收转发自动监测数据和监控信息，一台用于接收省中间库下发的审核数据和监管信息并用于相应的数据共享。如有个性化需求，一般还配有一台分析应用服务器。

县级监控中心一般只需要一台数据接收交换服务器和相应的网络安全设备。

2.4.2.3 使用端

工作人员一般通过电脑或者现场端站房内的数据采集仪，以浏览器的方式登录平台，开展日常工作。

2.4.3　污染源自动监控平台

2.4.3.1　平台软件架构

浙江省污染源自动监控平台根据系统运行和管理的业务需求定制开发，分为环保专网版和公网版。

环保专网版面向环保管理和现场运维人员，公网版面向排污单位和社会公众。所有用户根据角色配置相应权限，开展日常工作。此外，平台根据监管需要增加了视频监控、站房门禁等信息的联动，建立高效的数据共享机制，实现污染源自动监测数据的统一管理和信息共享（图 2-10）。

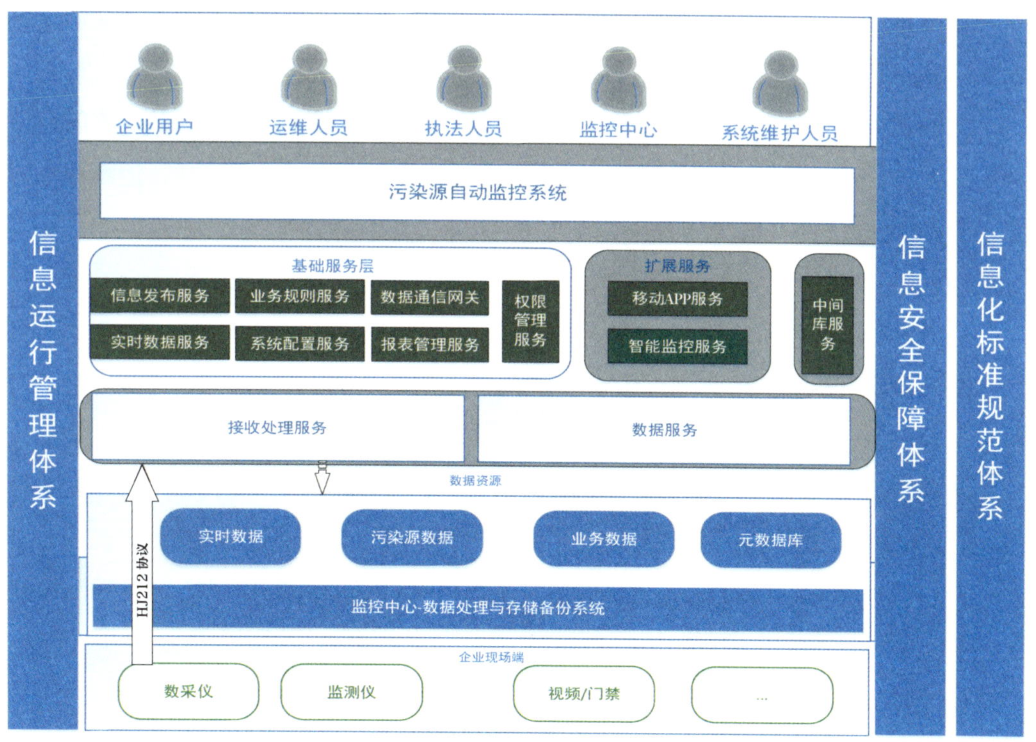

图 2-10　浙江省污染源自动监控平台软件架构

2.4.3.2 浙江省污染源自动监控平台功能

（1）平台功能模块

平台分为废水、废气、系统设置三大模块。

废水分为重点、非重点、污水处理厂、重金属、入河排污口、入海排污口和非污染源等多类场景，废气分为重点、非重点、VOC、垃圾焚烧和非污染源等多类场景，各场景下的平台功能一致。系统设置则为站点管理、用户权限管理、基础字典表配置等。

（2）系统设置

主要包括站点管理、用户管理、字典表管理等功能。

1）站点管理

分为企业、排污单位、排污口、监测监控设施四级。

企业以统一社会信用代码为主键标识，作为与其他业务平台对接的索引。

排污单位以排污许可证编号为主键标识，作为与环保业务平台对接的索引，包括环保联系人、监管部门等信息，用于自动监控系统预警和管理的联系信息。

排污口以 12 位监控编码为主键标识，按照《浙江省污染源自动监控设施信息备案登记表》设置，包括地理信息、排放信息、监测因子等排污口及监控内容等基础信息。

监测监控设施以 14 位 MN 号为主键标识，用于自动监控现场端设备的档案管理，并引导各类上传数据的接收管理，包括监测设施、监控设施、站房设施、运维单位的基础信息等。

2）用户管理

分为账号管理、角色管理、授权管理等。

账号管理对相关的用户进行账号、密码的设定以及单位、联系方式等基础信息的填写。

角色管理为对系统管理员、环保管理、运维人员、企业用户等各类角色对应各个模块的浏览和操作权限进行配置。

授权管理指对各账号赋予对应的用户角色以及所涉及的监控现场端进行授权配置，经授权后，可在相应权限内进行操作和管理。

3）字典表管理

对监控类型、监测因子、监测标准等监控基本要素，行政区域、流域、行业、运维机构等监管基本要素进行配置和管理。

（3）实时监控

用于查看全省所有污染源自动监控现场端当前的联网状态和上传的实时数据。

1）联网状态

按行政区划、监控类别等，统计并展示当前企业和自动监控现场端的联网情况，筛选当前脱机的企业和监控现场端。

2）实时数据

显示当前实时上传的污染源自动监测数据、状态以及原因，其中数据状态分为正常、超标、故障、异常和脱机等，以不同颜色显示。根据运维模块中的相应记录自动匹配，包括企业停产、仪器故障、质控、维护等。

（4）运行维护

具有历史数据、运维记录、数据审核、运行质量等功能模块，主要供运维用户使用。

1）历史数据

用于查询各类状态的历史数据，以表格或者曲线图形式展示，数据保存年限至少为 5 年。

按数据来源分为原始数据和审核数据两类，原始数据是直接从数采仪上传入库的一手数据，审核数据是平台自动根据日常运行维护、现场调处的记录，确认有效数据，按技术规范修约无效数据，形成最终进行统一应用的数据。

按数据类型分类，有分钟值、小时均值及排放量、日均值及排放量等。

此外，还具备单点超标历史调处情况的查询。

要点：运维人员应当通过该功能开展每日数据巡检，关注缺失数据和异常数据，提高故障响应能力。

2）运维记录

提供运维电子档案功能。运维用户根据工作实际进行填报，包括启停运、日常维护、质控校准、比对校验、故障维修和计量检定等内容。平台将根据记录进行数据审核，评价运维质量，实施工作预报等。

①工况记录。当企业生产治污设施停运后，运维用户根据企业的授权，登记报备工况的启停运时间。其中启停运过程属于应获得数据时间段，将计入有效率，出现超标数据应当现场调处，完全停运阶段不属于应获得数据时间段，期间的数据将被剔除。

要点：应当严格按照实际情况在事件发生后的 24h 内准确填报各节点的时间。

②日常维护。自动监控设施实施日常定期维护时，运维人员填报相关事项，不对

数据有效性产生影响。

要点：在事件发生的 2h 内填报相关记录。如果发现故障，应填报故障记录。

③质控校准。自动监控设施实施定期质控或校准时，填报相关记录。为了规范质控工作，平台对填报内容按照技术规范的要求设置了一定的区间，自动计算和判定质控结果。质控结果将影响下一个周期内数据的有效性，如果质控结果不合格，将自动启动故障进程，直至质控合格。

要点：质控时间点的数据不是真实的企业排污数据，是无效数据，因此，需要在事件发生的 2h 内准确填报，包括数据、时间、人员信息等。

④比对校验。自动监控设施开展比对校验时，填报相关记录。平台按照技术规范的规定自动计算和判定比对结果。结果将影响下一个比对周期内数据的有效性，如果结果不合格，将启动故障进程，直至重新比对合格。

要点：比对校验由排污单位自行开展，如无检测能力的，应当委托具有计量认证资质的第三方检测机构实施。考虑到时效性，填报时间限制在比对时间的 20d 内，生效时间为填报时间的前 168h。

⑤故障维修。自动监测仪器发生故障时应进行响应和维修，根据是否对数据有效性产生影响，分为两类。如不产生影响，则做好相应记录即可；如产生影响，在故障记录启动后，实时监控页面显示对应监测因子的状态将标记为“故障”，直至故障修复。一般故障修复以质控校准结果合格为依据，比对不合格的核心部件维修后应以比对结果为依据。

要点：在发现故障的 12h 内响应，24h 内填报记录。故障维修一般不超过 5d，超出则会预警，需申请延期。

3）数据审核

根据技术规范对自动监测数据进行审核，保留有效数据，剔除无效数据并进行修约，包括异常响应、数据修约。

①异常响应。设置异常判定规则，对筛查出的异常数据现场响应并确认实际情况；规则可根据该污染源实际情况进行配置。

②数据修约。分为人工修约和自动修约两类。采用人工修约方式的须在 168h 内完成，以实际检测结果作为附件上传，可对浓度和排放量进行修约；采用自动修约的，平台在 168h 后自动按照相关技术规范的修约方式完成。

4）运行质量

为自动监控管理、运维工作和排污单位提供相关技术服务，包括运维预报、故障统计和运维月报功能。

①运维预报。根据技术规范的要求，对各项运维工作的时间节点及数据有效期进行提示。

②故障统计。汇总查询监控现场端的故障填报记录及故障处理状态，统计权限范围内站点故障情况。

③运维月报。根据前一个月自动监控的运行和维护情况，统计运行质量、运维工作开展情况和污染物排放情况，用于运维管理和数据应用。

（5）监控管理

主要由环保管理用户进行日常管理使用，包括超标督办、监控、现场检查、停运审核等。

1）超标督办

包括超标确认、督办提示、超标查询等功能。

①超标确认。每日将前一日超标数据（水按日均值、气按时均值评价）生成超标确认单，并形成闭环管理。对已经发现超标原因并恢复正常运行的，自动关联记录；规定时间内未核实超标的，属地生态环境管理人员通过现场调处，反馈超标原因。

②督办提示。对超标频次或者超标浓度达到一定程度的，进行滚动式筛查，形成严重超标督办事件，交办属地生态环境执法部门，同时应当开展现场检查，根据相关管理规定完成闭环管理。

③超标查询。提供各类站点、数据类型的超标统计以及相应明细。

2）监控

①状态参数管理。可查看自动监控设施当前及历史运行参数和状态，当现场参数发生变化时，可通过数据比较和运维记录匹配度判断是否合法有效。

②视频监控。提供自动监控现场端视频监控的功能，可以查看当前和历史视频画面，历史视频保留时间一般不少于 60d，视频监控影像一般包括排污单位采样口、监控站房和治污关键设施处。

③远程控制。一般有代码指令型和嵌入式网页型两种控制方式。从上位平台发送指令控制现场端数采仪，进而实现控制仪器运行、提取数据、调整状态参数等；

④门禁记录。提供站点人员、内容、门禁时间、生成时间、门禁状态的信息查询。

3）现场检查

为生态环境管理人员现场检查提供调处信息的录入，并进行汇总统计。

①检查情况。为生态环境管理人员现场检查时调处信息并录入，如检查发现问题或者检查时对数据有效性产生了影响也应当准确予以记录，填报的内容主要包括检查时间、检查类型、是否存在影响数据有效性的问题，如有不规范项可提出整改要求。

②检查统计。对录入的检查情况实行清单化查询和管理，按月自动统计前一个月现场检查的情况，形成月报。

4）停运审核

排污单位停运或者拆除污染源自动监控设施，依照《污染源自动监控设施现场监督检查办法》规定，须经属地生态环境部门确认，生态环境管理人员在规定时间内对申报情况进行审核，浙江省规定时间为 1 个工作日。

（6）报表应用

提供各类报表和数据查询功能。

按数据类型可分为浓度及排放量报表、运行质量报表；

按报表类型可分为单站点报表、企业报表、区域统计报表以及其他筛选项统计报表；

按分析类型可分为纵向比较报表（即同环比报表）和横向比较报表。

2.5 网络建设

2.5.1 网络架构

浙江省生态环境业务专网（环保专网）是全国四级（部—省—市—县）环保专网的重要组成部分，由主干网和接入网组成。

2.5.1.1 主干网

指省、市、县三级生态环境部门、监控中心、环境监测（中心）站之间的网络，于 2007 年建成投入使用，IP 地址由生态环境部统一规划，浙江省使用 10.33.×.×（主）、10.150.×.×（备）两个网段。

2019 年根据省政府相关要求进行了专网整合，通过电子政务外网专线承载专网业务及应用，其网络租赁、网络设备维护的经费由各级生态环境部门保障。

2.5.1.2 接入网

指自动监控现场端与生态环境部门监控设备联网的网络，由网络运营商自行组网，IP 地址由省生态环境信息管理部门和省级网络运营商统一规划。

目前浙江省主要有电信、移动、华数、联通四家网络运营商公司，分配使用 42.×.×.×、188.×.×.×、28.×.×.× 和 55.×.×.× 四个 IP 网段。

网络线路和设备由运营商维护，网络租赁费一般由排污单位承担。

2.5.2　网络安全

2.5.2.1　要求

网络安全，是指采取必要措施，防范对网络的攻击、侵入、干扰、破坏和非法使用以及意外事故等，使网络处于稳定可靠运行的状态，以及保障网络数据的完整性、保密性、可用性的能力。我国实行的网络安全等级保护（即等保）制度，是网络安全工作的重要遵循。

根据网络安全等级保护（即等保）制度相关要求，污染源自动监控系统、生态环境业务专网网络的网络安全等级保护被定级为三级，市县局的系统及网络一般定级为二级。

根据《信息安全技术网络安全等级保护要求》（简称“等保 2.0”）的相关要求，需从安全物理环境、安全通信网络、安全区域边界、安全计算环境、安全管理中心等方面进行网络安全防护。

2.5.2.2　方案

（1）污染源自动监控现场端

各污染源自动监控现场端根据数采仪的版本各自采用针对性的网络安全方案，例如，Windows 系统安装 360 天擎桌面现场端安全管理系统，嵌入式数采仪应具备“看门狗”功能。

（2）各级监控中心端

重点关注对污染源自动监控系统应用和数据的网络安全防护，应用服务器应安装相应恶意代码防护软件，数据库应定期进行备份。

（3）数据传输网络

一般由核心交换机、接入交换机、边界防火墙、IDS/IPS、防病毒软件等网络安全软硬件设备保障。

第3章 污染源自动监控系统运行维护

3.1　污染源自动监控现场端运行目标

3.1.1　自动监测设施运行目标

①按照技术规范要求和管理部门规定，开展污染源自动监测监控系统的运行维护。

②保障自动监测监控设施的正常运行，运行质量达到管理部门要求，保证自动监测数据的真实性、准确性和有效性，即数据有效率不低于运行目标。

③现场检查仪器准确率满足技术规范要求。

④运行档案真实、规范、完整。

3.1.2　监控设施运行目标

①视频监控设施联网率不低于管理目标，监视画面清晰，角度合理，发现异常能够报警。

②站房门禁有效运行，对站房人员进出能有效管理。

③远程控制实现通畅，有效提升运维和监管效率。

3.1.3　运行绩效目标

①监测数据真实反映排污情况。

②发生浓度或总量超标情况可及时响应，调整生产工况，改进治污设施运行，减少超标程度，降低环境风险。

③第三方运维市场秩序良好，竞争有序。

3.2　废水污染源自动监控现场端运行要求

3.2.1　运行维护内容

3.2.1.1　日运维要求

①每天应通过远程查看数据或现场查看的方式检查仪器运行状态、数据传输系统以及视频监控系统是否正常，并判断水污染源自动监测系统运行是否正常。如发现数据有持续异常等情况，应前往站点检查。

②水质自动采样系统如果触发留样，应当在所留样品转移后及时对留样瓶进行清洗。

3.2.1.2 周维护要求

每周至少一次对自动监控现场站点进行现场维护，任意 2 次现场维护的时间间隔不得超过 7d。

①保证监测站房的干净整洁，保持设备的清洁，保证监测站房内的温度、湿度满足仪器正常运行的需求。

②检查各台自动分析仪及辅助设备的运行状态和主要技术参数，判断运行是否正常。

③检查自来水供应、采样泵取水情况，检查内部管路是否通畅，仪器自动清洗装置运行是否正常，检查各自动分析仪的进样水管和排水管是否清洁，必要时进行清洗。定期清洗水泵和预处理单元。

④检查站房内电路系统、通信系统是否正常。

⑤对于用电极法测量的仪器，检查标准溶液和电极填充液，对电极探头进行清洗。

⑥若监测站点使用气体钢瓶，应检查载气气路系统是否密封，气压是否满足要求。

⑦检查各仪器标准溶液和试剂是否在有效使用期内，余量是否足够使用一个运维周期。标准溶液和试剂更换时，应规范张贴试剂标签，标签应标注试剂名称、有效期、配制人、配制日期。实际使用的试剂种类、浓度应与登记备案表一致。

⑧观察数据采集传输仪运行情况，并检查连接处有无损坏，对数据进行抽样检查，对比自动分析仪、数据采集传输仪及上位机接收到的数据是否一致，传输误差不得超过 1%。

⑨检查视频监视信号。

3.2.1.3 月维护内容

①每月的现场维护内容包括对自动监测仪器进行一次保养，对水泵和取水管路、配水和进水系统、仪器分析系统进行维护。对数据存储或控制系统工作状态进行一次检查，检查监测仪器接地情况，检查监测用房防雷措施。

②水质自动采样系统：根据情况更换蠕动泵管，清洗混合采样瓶。

③水质自动监测仪器：根据操作说明书，检查保养易损耗件，检查清洗采样单元、消解单元、检测单元和计量单元。

④ pH 水质自动分析仪：用酸液清洗一次电极，检查 pH 电极是否钝化，必要时进行更换。

⑤总有机碳（TOC）水质自动分析仪：检查 TOC-COD_{Cr} 转换系数是否适用，必

要时进行修正。对 TOC 水质自动分析仪载气气路的密封性、泵、管、加热炉温度等进行检查，检查试剂余量（必要时添加或更换），检查卤素洗涤器、冷凝器水封容器、增湿器，必要时加蒸馏水。

⑥流量计：检查流量计液位传感器高度是否发生变化，检查超声波探头与水面之间是否有干扰测量的物体，对堰体内影响流量计测定的干扰物进行清理。检查管道流量计检定证书有效期。

⑦水温：进行现场水温比对试验，必要时进行校准或更换。

3.2.1.4　季度及长期维护要求

①根据相应仪器操作维护说明，检查及更换易损耗件，检查关键零部件可靠性，如计量单元准确性、反应室密封性等，必要时进行更换。

②对收集的自动监测仪器废液按有关规范和管理规定进行处置。

3.2.1.5　运维记录

①运行记录表格有（不限于）巡检维护记录表、标样核查及校正结果记录表、检修记录表、实际水样比对试验结果记录表、水污染源在线监测系统运行比对监测报告、易耗品更换记录表、标准样品更换记录表。运行记录表格可参见 HJ 355—2019 附录 A ～附录 J。与仪器相关的记录放置在现场并妥善保存。

②运行记录应清晰、完整，现场记录应在现场及时填写。

③可从记录中查阅和了解仪器设备的使用、维修和性能检验等全部历史资料，检查时可以溯源。

3.2.2　数据质量保障

3.2.2.1　标样核查

用标准样品核查设备运行状态，每周至少 1 次，实际操作中结合日常维护同时段进行。标准样品浓度采用工作量程的约 0.5 倍，标样核查结果应满足表 3-1 要求。水污染源自动监测仪器所使用的标准溶液应正确保存且验证合格后方可使用。如果标样核查不满足表 3-1 的规定，则应对仪器进行校准。仪器校准完后应使用标准样品进行验证并满足表 3-1 要求。

表 3-1 水污染源自动监测仪器运行指标

仪器类型	技术指标要求	试验指标限制	样品数量要求
COD_{Cr}、TOC 水质自动分析仪	采用浓度约为现场工作量程上限值 0.5 倍的标准样品	±10%	1
	实际水样 COD_{Cr} < 30mg/L（用浓度为 20 ~ 25mg/L 的标准样品替代实际水样进行测试）	±5mg/L	比对试验总数应不少于 3 对。当比对试验数量为 3 对时应至少 2 对满足要求；4 对时至少 3 对满足要求；5 对以上时至少需要 4 对满足要求
	30mg/L ≤实际水样 COD_{Cr} < 60mg/L	±30%	
	60mg/L ≤实际水样 COD_{Cr} < 100mg/L	±20%	
	实际水样 COD_{Cr} ≥ 100mg/L	±15%	
NH_3-N 水质自动分析仪	采用浓度约为现场工作量程上限值 0.5 倍的标准样品	±10%	1
	实际水样氨氮< 2mg/L（用浓度为 1.5mg/L 的标准样品替代实际水样进行测试）	±0.3mg/L	同 COD_{Cr} 比对试验数量要求
	实际水样氨氮≥ 2mg/L	±15%	
TP 水质自动分析仪	采用浓度约为现场工作量程上限值 0.5 倍的标准样品	±10%	1
	实际水样总磷< 0.4mg/L（用浓度为 0.2mg/L 的标准样品替代实际水样进行测试）	±0.04mg/L	同 COD_{Cr} 比对试验数量要求
	实际水样总磷≥ 0.4mg/L	±15%	
TN 水质自动分析仪	采用浓度约为现场工作量程上限值 0.5 倍的标准样品	±10%	1
	实际水样总氮< 2mg/L（用浓度为 1.5mg/L 的标准样品替代实际水样进行测试）	±0.3mg/L	同 COD_{Cr} 比对试验数量要求
	实际水样总氮≥ 2mg/L	±15%	
pH 水质自动分析仪	实际水样比对	±0.5	1
温度计	现场水温比对	±0.5℃	1
超声波明渠流量计	液位比对误差	12mm	6 组数据
	流量比对误差	±10%	10min 累积流量

3.2.2.2 比对试验

每月至少进行一次实际水样比对试验，每次不少于 3 组数据对，比对试验需有资质的第三方环境检测公司完成并出具报告。试验结果应满足表 3-1 中规定的性能指标要求，实际水样比对试验的结果不满足表 3-1 中规定的性能指标要求时，应对仪器进行校准和标准溶液验证后再次进行实际水样比对试验。

3.2.2.3　仪器校准

开启自动校准功能的自动分析仪，自动校准周期应在 24 ～ 168h。无自动校准的自动分析仪在标样核查或比对试验不合格、更换试剂、故障修复和停运后启运等情况下应进行校准，符合要求后方可正式启用。

3.2.2.4　其他质控措施

对某一时段的异常水样，通过远程控制混合采样装置和自动监测仪器，进行平行监测和留样比对试验。

3.2.3　故障处理要求

3.2.3.1　自动监测仪器具备故障信号输出功能

①如 12h 内故障自动解除且不影响日数据有效性的，在发生故障时应按规范要求将故障信号传送至数采仪，数采仪对该数据进行故障标记上传至监控平台，可不用赶赴现场处理。

②如 12h 内故障自动解除但影响日数据有效性或 12h 内未自动解除的，应当赶赴现场处理，并开展质控样试验，确保仪器数据准确。

③如 12h 内故障无法自动解除，应当赶赴现场开展运行维护，并在 120h 内修复，以质控样合格为证，做好档案记录，向属地生态环境主管部门报备相关信息。120h 内无法修复的，应安装提前完成调试检测的备用仪器，或采用人工检测的方式报送数据。

3.2.3.2　自动监测仪器不具备故障信号输出功能

①数据明显异常的情况下，在 12h 内赶赴现场开展维护。

②数据异常不明显的情况下，在例行维护时发现故障，以发现时开始计时，做好故障响应工作，按照自动监测仪器具备故障信号输出功能③执行。

③因不可抗力和突发性原因致使自动监测仪器停止运行或不能正常运行时，应当在 24h 内向属地生态环境主管部门报告停运原因和设备情况。

④仪器维修后，在正常使用和运行之前应通过校准和质控试验。若更换自动监测仪器，在正常使用和运行之前，确保其性能指标满足表 3-1 的要求。维修和更换的仪器，可由第三方或运行单位自行出具比对检测报告。

⑤数据采集传输仪发生故障时，应在生态环境部门规定的时间内修复或更换，并能保证已采集的数据不丢失。

3.2.4 视频监控设施

3.2.4.1 监控画面维护

①确保需要监控的区域在监控画面的中心位置，无盲区。

②检查镜头清晰度，根据实际情况清洗监控镜头。

③球机监控检查云台功能是否正常。

④字符叠加内容是否符合标准。

3.2.4.2 后台维护

①检查录像储存是否达标，一般要求 60d。回访录像是否流畅，无丢包。

②系统配时误差是否满足要求。检查平台、前端设备（硬盘录像机、相机等）时间是否统一并无误差（以北京时间为准，误差不超过 ±1min）。

③平台预览功能是否正常，延时不超过 3s，画面是否流畅。

④球机监控云台远程控制是否正常且画面流畅。

3.3 废气污染源自动监控现场端运行要求

3.3.1 运行维护内容

废气污染源自动监控系统运维单位应根据废气污染源自动监控系统使用说明书和标准的要求编制仪器运行管理规程，确定系统运行操作人员和管理维护人员的工作职责。运维人员应当熟练掌握烟气排放连续监测仪器设备的原理、使用和维护方法。

3.3.1.1 日运维要求

CEMS 运维单位应远程巡检站点数据状态与运行状态，每日不少于 2 次，超标或异常时及时通知运维人员进入相应的处理流程，同时沟通企业询问现场处理设施是否运行异常等情况，记录并归档。

3.3.1.2 周维护要求

CEMS 运维单位应严格按照规程开展日常巡检和维护工作，并做好记录。日常巡检记录应包括检查项目、检查日期、被检项目的运行状态等内容，每次巡检应记录并归档。对每周巡检或维护保养中发现的故障或问题，系统管理维护人员应及时处理并记录。

3.3.1.3　月维护内容

（1）维护内容

①应根据 CEMS 说明书的要求对 CEMS 系统保养内容、保养周期或耗材更换周期等做出明确规定，每次保养情况应记录并归档。

②进行备件或材料更换时，更换的备件或材料的品名、规格、数量等应记录归档。

③如更换有证标准物质或标准样品，还需记录新标准物质或标准样品的来源、有效期和浓度等信息。

（2）一般 CEMS 运行过程中的定期维护

①污染源停运到开始生产前应及时到现场清洁光学镜面。

②定期清洗隔离烟气与光学探头的玻璃视窗，检查仪器光路的准直情况；定期对清吹空气保护装置进行维护，检查空气压缩机或鼓风机、软管、过滤器等部件。

③定期检查气态污染物 CEMS 的过滤器、采样探头和管路的结灰和冷凝水情况、气体冷却部件、转换器、泵膜老化状态。

④定期检查流速探头的积灰和腐蚀情况、反吹泵和管路的工作状态。

（3）NMHC-CEMS 运行过程中的定期维护

①检查一次燃烧气连接管路的气密性。

②使用氢气发生器时，应按其说明书规定，定期检查氢气压力、氢气发生器电解液等，根据使用情况及时更换。

③检查一次氢气发生器变色硅胶的变色情况，超过 2/3 变色更换变色硅胶。

④使用氢气钢瓶时，要每天巡检钢瓶气的压力并记录，应做到一用一备。

⑤检查 NMHC-CEMS 的过滤器、采样管路的结灰情况，若发现数据异常应及时维护。

⑥使用催化氧化装置的 NMHC-CEMS 每年用丙烷标气检验一次转化效率，保证丙烷转化效率在 90% 以上，否则需更换催化氧化装置。

3.3.2　数据质量保障

3.3.2.1　标样核查

CEMS 运行过程中的定期校准是质量保证中的一项重要工作，定期校准应做到：

①具有自动校准功能的颗粒物 CEMS 和气态污染物 CEMS 每 24h 至少自动校准一次仪器零点和量程，同时测试并记录零点漂移和量程漂移。

②无自动校准功能的颗粒物 CEMS 每 15d 至少校准一次仪器的零点和量程，同时测试并记录零点漂移和量程漂移。

③无自动校准功能的直接测量法气态污染物 CEMS 每 15d 至少校准一次仪器的零点和量程，同时测试并记录零点漂移和量程漂移。

④无自动校准功能的抽取式气态污染物 CEMS 每 7d 至少校准一次仪器零点和量程，同时测试并记录零点漂移和量程漂移。

⑤抽取式气态污染物 CEMS 每 3 个月至少进行一次全系统校准，要求零气和标准气体从监测站房发出，经采样探头末端与样品气体通过的路径（应包括采样管路、过滤器、洗涤器、调节器、分析仪表等）一致，进行零点和量程漂移、示值误差和系统响应时间的检测。

⑥具有自动校准功能的流速 CMS 每 24h 至少进行一次零点校准，无自动校准功能的流速 CMS 每 30d 至少进行一次零点校准。

⑦校准技术指标应符合表 3-2 要求。

表 3-2 CEMS 定期校验技术指标要求

项目	CEMS 类型		校准功能	校准周期	技术指标	技术指标要求	失控指标
定期校准	颗粒物 CEMS		自动	24h	零点漂移	不超过 ±2.0%	超过 ±8.0%
					量程漂移	不超过 ±2.0%	超过 ±8.0%
			手动	15d	零点漂移	不超过 ±2.0%	超过 ±8.0%
					量程漂移	不超过 ±2.0%	超过 ±8.0%
	气态污染物 CEMS	抽取测量或直接测量	自动	24h	零点漂移	不超过 ±2.5%	超过 ±5.0%
					量程漂移	不超过 ±2.5%	超过 ±10.0%
		抽取测量	手动	7d	零点漂移	不超过 ±2.5%	超过 ±5.0%
					量程漂移	不超过 ±2.5%	超过 ±10.0%
		直接测量	手动	15d	零点漂移	不超过 ±2.5%	超过 ±5.0%
					量程漂移	不超过 ±2.5%	超过 ±10.0%
	流速 CMS		自动	24h	零点漂移或绝对误差	零点漂移不超过 ±3.0% 或绝对误差不超过 ±0.9m/s	零点漂移超过 ±8.0% 且绝对误差超过 ±1.8m/s
			手动	30d	零点漂移或绝对误差	零点漂移不超过 ±3.0% 或绝对误差不超过 ±0.9m/s	零点漂移超过 ±8.0% 且绝对误差超过 ±1.8m/s

⑧垃圾焚烧行业的 CO 和 HCl 应符合《生活垃圾焚烧发电厂“装、树、联”技术要求》（环办执法〔2019〕64 号附件 2）的规定。

表 3-3　CEMS CO 和 HCl 定期校验技术指标要求

监测项目		技术性能要求
CO	系统响应时间	≤ 200s
	重复性	≤ 2.0%
	线性误差	满量程＞100μmol/mol（286mg/m³）时，不超过 ±5%（标称值）；满量程≤100μmol/mol（286mg/m³）时，不超过 ±2.5%F.S.
	24h 零点漂移和量程漂移	不超过 ±2.5%F.S.
HCl	系统响应时间	≤ 400s
	重复性	≤ 2.0%
	线性误差	满量程＞200μmol/mol（326mg/m³）时，不超过 ±5%（标称值）；满量程≤200μmol/mol（326mg/m³）时，不超过 ±2.5%F.S.
	24h 零点漂移和量程漂移	不超过 ±2.5%F.S.

注：F.S. 全称 full scale，指传感器的指标相对于传感器的满量程误差百分数。

⑨非甲烷总烃校准结果应满足《固定污染源废气非甲烷总烃连续监测系统技术要求及检测方法》（HJ 1013—2018）的要求。

表 3-4　NMHCCEMS 定期校验技术指标要求

		技术性能要求
NMHC CEMS	分析周期	≤ 3min
	24h 漂移	不超过 ±3%F.S.

3.3.2.2　比对校验

一般 CEMS 投入使用后，燃料、除尘效率的变化、水分的影响、安装点的振动等都会对测量结果的准确性产生影响。定期校验应做到：

①有自动校准功能的测试单元每 6 个月至少做一次校验，一般指颗粒物监测单元和实际实施自动校准工作的气态监测单元，如仪器具有自动校准功能，但辅助配套设施没有完善的，按②执行。

②没有自动校准功能的测试单元每 3 个月至少做一次校验。

③校验用参比方法和 CEMS 同时段数据进行比对，参比方法是指国家或行业发布的标准方法。

④颗粒物、烟气参数比对校验数据对至少为 5 组，气态污染物比对校验数据对至少为 9 组，校验结果应符合 HJ 75—2017 表 2 要求，具体见表 3-5。

表 3-5 准确度校验技术指标要求

检测项目			技术要求
气态污染物 CEMS	SO_2	准确度	排放浓度≥ 250μmol/mol（715mg/m³）时，相对准确度≤ 15%
			50μmol/mol（143mg/m³）≤排放浓度＜ 250μmol/mol（715mg/m³）时，绝对误差不超过 ±20μmol/mol（57mg/m³）
			20μmol/mol（57mg/m³）≤排放浓度＜ 50μmol/mol（143mg/m³）时，相对误差不超过 ±30%
			排放浓度＜ 20μmol/mol（57mg/m³）时，绝对误差不超过 ±6μmol/mol（17mg/m³）
	NO_x	准确度	排放浓度≥ 250μmol/mol（513mg/m³）时，相对准确度≤ 15%
			50μmol/mol（103mg/m³）≤排放浓度＜ 250μmol/mol（513mg/m³）时，绝对误差不超过 ±20μmol/mol（41mg/m³）
			20μmol/mol（41mg/m³）≤排放浓度＜ 50μmol/mol（103mg/m³）时，相对误差不超过 ±30%
			排放浓度＜ 20μmol/mol（41mg/m³）时，绝对误差不超过 ±6μmol/mol（12mg/m³）
	HCl	准确度	≥ 250μmol/mol（408mg/m³）时，相对准确度≤ 30%
			≥ 50μmol/mol（82mg/m³）～＜ 250μmol/mol（408mg/m³）时，相对误差≤ 30%
			＜ 50μmol/mol（82mg/m³）时，绝对误差≤ 15μmol/mol（24mg/m³）
	CO	准确度	≥ 250μmol/mol（313mg/m³）时，相对准确度≤ 15%
			≥ 50μmol/mol（63mg/m³）～＜ 250μmol/mol（313mg/m³）时，绝对误差≤ 20μmol/mol（25mg/m³）
			≥ 20μmol/mol（25mg/m³）～＜ 50μmol/mol（63mg/m³）时，相对误差≤ 30%
			＜ 20μmol/mol（25mg/m³）时，绝对误差≤ 6μmol/mol（8mg/m³）
	其他气态污染物	准确度	相对准确度≤ 15%
氧气 CMS	O_2	准确度	＞ 5.0% 时，相对准确度≤ 15%
			≤ 5.0% 时，绝对误差不超过 ±1.0%

续表

检测项目			技术要求
颗粒物CEMS	颗粒物	准确度	排放浓度 > 200mg/m³ 时，相对误差不超过 ±15%
			100mg/m³ < 排放浓度 ≤ 200mg/m³ 时，相对误差不超过 ±20%
			50mg/m³ < 排放浓度 ≤ 100mg/m³ 时，相对误差不超过 ±25%
			20mg/m³ < 排放浓度 ≤ 50mg/m³ 时，相对误差不超过 ±30%
			10mg/m³ < 排放浓度 ≤ 20mg/m³ 时，绝对误差不超过 ±6mg/m³
			排放浓度 ≤ 10mg/m³，绝对误差不超过 ±5mg/m³
流速CMS	流速	准确度	流速 > 10m/s 时，相对误差不超过 ±10%
			流速 ≤ 10m/s 时，相对误差不超过 ±12%
温度CMS	温度	准确度	绝对误差不超过 ±3℃
湿度CMS	湿度	准确度	烟气湿度 > 5.0% 时，相对误差不超过 ±25%
			烟气湿度 ≤ 5.0% 时，绝对误差不超过 ±1.5%

注：NO_x 以 NO_2 计，以上各参数区间划分以参比方法测量结果为准。

⑤校验结果不符合准确度指标要求时，则应扩展为对颗粒物 CEMS 的相关系数校正或/和评估气态污染物 CEMS 的准确度和流速 CMS 的速度场系数（或相关性）校正，直到 CEMS 达到标准。

⑥ NMHC-CEMS 运行过程中的定期校验应做到：

a. 至少 3 个月做一次校验；校验用参比方法和 NMHC-CEMS 同时段数据进行比对，

b. 当校验结果不符合准确度指标要求时，则应扩展为评估 NMHC-CEMS 的准确度校正，直至达到要求，所采样品数不少于 9 对。

c. 做好定期校验记录。

3.3.3　故障处理要求

①当 CEMS 发生故障时，系统管理维护人员应及时处理并记录。

②运行单位发现故障或接到故障通知，应在 4h 内赶到现场进行处理。

③对于一些容易诊断的故障，如电磁阀控制失灵、膜裂损、气路堵塞、数据采集仪死机等，可携带工具或者备件到现场进行针对性维修，此类故障维修时间不应超过 8h。

④仪器经过维修后，在正常使用和运行之前应确保维修内容全部完成，性能通过检测程序，符合表 3-2 ～表 3-4 的要求。若监测仪器进行了更换，在正常使用和运行

之前应对系统进行重新调试和验收，符合表 3-5 要求。

⑤若数据存储 / 控制仪发生故障，应在 12h 内修复或更换，并保证已采集的数据不丢失。

⑥监测设备因故障不能正常采集、传输数据时，应及时向属地生态环境主管部门报告。

3.3.4 视频监控设施

3.3.4.1 监控画面维护

①确保需要监控的区域在监控画面的中心位置，无盲区。

②检查镜头清晰度，根据实际情况清洗监控镜头。

③球机监控检查云台功能是否正常。

④字符叠加内容是否符合标准。

3.3.4.2 后台维护

①检查录像储存是否达标，一般要求 60d。回访录像是否流畅，无丢包。

②系统配时误差是否满足。检查平台、前端设备（硬盘录像机、相机等）时间是否统一无误差（以北京时间为准，误差不超过 1min）。

③平台预览功能是否正常，延时不超过 3s，画面是否流畅。

④球机监控云台远程控制是否正常流畅。

3.4 第三方运维机构运行能力要求

3.4.1 基本条件

①对照当地生态环境主管部门的管理要求，按照运维服务的监控点数量，配备相应的人员和物资，建立管理体系和制度。

②熟悉污染源自动监控等法律法规和技术标准，掌握污染源自动监控工作的专业技能。

③具备良好的社会信用、职业精神和操守，不实施、不指导、不教唆弄虚作假等违法行为。

3.4.2　能力要求

3.4.2.1　人员

一线专业运维人员按平均 15 个点 2 人 / 组，运维人员应具备相应的技术能力，并取得上岗证，推荐参加并通过由行业协会组织举办的专业技能培训考试。

3.4.2.2　备品备件

易耗品至少按月用量配备；仪器零配件至少按年更换量配备；每 30 台同一监测指标的仪器应至少配备 1 台整机。

3.4.2.3　车辆

一般每个运维组应配备 1 辆运维专用车辆。

3.4.2.4　实验室

在常驻地区设置符合安全和规范要求的实验室，具备运维相关监测因子的实验室能力，或者与具备资质的环境检测社会化机构建立稳定的合作关系。

3.4.2.5　快速响应能力

遇较严重的故障或者其他应急事件时，应在 2h 内赶赴现场。

3.4.2.6　电子化能力

推荐性要求。包括不限于数据巡检、计划安排、质量管理、预警响应、物资供应、人员考勤、档案管理和工作报告等可通过软件系统实施。

3.4.3　制度建设

3.4.3.1　现场运维制度

包括人员岗位责任、站房管理制度、运维方案、操作规程或手册、日常维护制度、故障响应制度和质量管理制度等。

3.4.3.2　资产管理制度

包括仪器设备、车辆等物资管理制度、备品备件出入库制度、标准物质管理制度。

3.4.3.3　档案管理制度

以“一点一档”为原则，每个监控点一份完整的档案包括验收档案、维护档案和运维报告。

验收档案包括合格证说明书等仪器档案、安装调试报告、验收监测报告、联网一致性报告和备案信息登记表，档案原件归产权所有者，运维机构应当保留复印件备用。

维护档案包括参数设置记录、巡检维护记录、质控校准记录、故障检修记录、易耗品（备品备件）更换记录和比对校验记录，其中参数设置应及时在备案信息登记表中予以更新和重新登记。

运维报告包括运维方案、工作报告和排放情况报告，根据服务甲方的合同要求，一般按月、按年提供。

3.5　监控端运行维护要求

3.5.1　网络运行维护要求

应按照《浙江省环境信息网络建设维护规范》《浙江省环境监测专网安全管理办法（试行）》等规范和文件要求对辖区内生态环境业务专网主干网及接入网进行运行维护和网络安全管理。

①严格实行网络安全风险事件通报及报告制度。各相关单位须及时对生态环境业务专网网络安全风险检测与事件的定期通报内容进行核实处置并按时反馈，对发现的专网网络安全风险事件应第一时间向省级生态环境主管部门报告。

②加强接入网安全防护。参照等保 2.0 等相关要求，加强企业污染源接入网的网络安全防护。重点对接入网中的前端数据采集设备进行网络安全防护，加强补丁管理，及时修补漏洞；加强防病毒管理、安装防病毒软件、定期更新病毒库、定期进行病毒查杀；加强访问控制管理，细化防火墙策略。

③加强专网边界防护。梳理并细化专网边界防火墙等安全设备的策略配置，做好专网与电子政务外网、横向接入网、互联网的隔离工作，禁止专网直接互访互联网。

④做好安全检测与漏洞整改。对部署在专网上的系统开展安全态势感知监测、漏洞扫描、渗透测试等安全检测，实时发现并全面排查风险隐患，并逐项进行加固整改。全面排查信息系统安全隐患，针对系统弱口令问题进行重点清查与整改，对专网所有设备、操作系统、数据库、中间件、信息系统及管理后台的登录密码复杂度进行强制设置整改。

⑤主机安全加固与病毒防范。对部署在专网上的服务器及办公计算机进行安全加固，及时更新操作系统、数据库、中间件等补丁。安装网络版防病毒软件并定期升级查杀，调整主机安全策略配置。

⑥定期备份数据。对部署在专网上的服务器上的文件、数据库等按需要做好备份工作，并定期进行恢复测试。

3.5.2　监控中心要求

①设备的建档及资料更新。对监控中心服务器、存储、网络设备、安全设备等软硬件设备建档，包括设备名称、IP 地址、操作系统、序列号、购置日期、维保信息、物理拓扑、网络拓扑、物理位置等，并且随时完善更新。

②设备工作环境日常检查。对监控中心的设备工作环境进行日常检查，确保设备运行的环境稳定安全可靠，主要包括监控中心空调状态及温湿度检查，强电系统及 UPS 工作状态及输入 / 输出情况检查，卫生状态检查，鼠患、水患、火患检查等。

③设备外在运行状态检查。对监控中心的设备的外在工作状态进行检查，包括硬件的电源指示灯、网络指示灯、故障告警灯、风扇运行状态等情况进行检查。

④设备性能检查。对路由器、交换机、防火墙等网络安全设备端口状态定期检查，带宽占用、分析性能“瓶颈”。

3.5.3　平台运行维护要求

①平台日常检查。每日对污染源自动监控系统巡检，确保系统本身的正常运作，用户正常登录、使用功能正常。

②平台数据保障。每日对平台中的站点基本信息、自动监测数据、监控管理信息进行检查，与监测现场端上传的数据对比，确保站点数据接收准确。

③平台环境资源保障。开展每周对平台服务器、数据库空间的检查。确保服务器的健康运行，CPU、内存、磁盘空间的使用在正常范围内，满负荷运行前，及时联络硬件管理员进行处理。保持数据库剩余空间充足，满足对接数据的写入，在空间不足时，及时扩充。

④定期备份数据。每日对平台数据库增量备份、每周对数据库完整备份，备份文件异地存储，建立完善的备份管理与恢复机制，确保平台在发生故障时，能快速恢复且数据不丢失。

3.5.4　中间库运行维护要求

因自动监控系统安装在环境监测业务专网内，因此网络的联通和管理是自动监测数据共享的关键环节，需要在符合网络安全要求的前提下，建立高效的对接共享通道。

为满足国家、省、市、县各级生态环境部门业务系统以及同级政府其他部门业务系统的需求，浙江省设置了省、市两级数据共享中间库。中间库归集各污染源的自动监测均值数据、排放量数据以及相关的监控信息、运行质量、超标情况，根据应用方的数据需求设置对应的账号和权限。

3.5.4.1 共享的内容

共享的内容包括监控站点基本信息、自动监测数据、监控管理信息等。

（1）站点基本信息

包括所属副项的企业、排放口基本信息、排放标准、站位唯一性编码、排放去向、监控因子等。

（2）自动监测数据

包括小时均值和日均值的原始数据，小时均值及状态、小时排放量、日均值及状态和日排放量的审核数据。

（3）监控管理信息

包括自动监控设施启停运信息、运行质量、超标数据及调查结果等。

3.5.4.2 共享机制的运行及保障

自动监控站点以所属企业的统一社会系用代码和污染源排污许可证编码作为主键，与其他系统进行对接；对内以站位编码为主键，引导所有共享内容的共享，具体编码流程详见《浙江省污染源自动监控数据共享中间库技术方案》。

（1）共享机制

①基础信息产生变化时实时传输至中间库；

②原始数据实时传输至中间库，12h 后对补传的增量数据传输至中间库，审核数据在 168h 后对变量数据传输至中间库；

③监控管理信息 24h 后传输至中间库。

（2）保障机制

①通过建立健全的巡检机制，及时排查与发现中间库运行问题，确保数据库正常、稳定运行，库中数据与生产系统（浙江省污染源自动监控信息管理系统）完全一致；

②定期对中间库进行备份，完善备份管理机制，确保中间库在发生故障时，能快速恢复且数据不丢失，全面保障中间库的运行与数据完整；

③面向需求方，针对性分配调用权限。在生产系统更新时，对应调整中间库结构与中间库标准文档，及时、无缝获取数据，确保需求方的调用。

第4章 污染源自动监控系统管理

4.1 日常监督管理

4.1.1 管理目标

4.1.1.1 建设联网

实现重点排污单位主要污染物排放自动监控全覆盖，其他排污单位以及特殊污染因子根据自动监控技术条件和实际监管需要实现有计划的覆盖；实现污染源现场端监测数字化、监控可视化；实现监测监控紧密结合，测控和监管高效对接。

4.1.1.2 运行质量

浙江省污染源自动监控现场端的运行质量按数据有效率计，单个现场端年有效率应达到 95% 以上，视为运行质量合格。对于一个区域的目标，一般要求运行质量合格的现场端数量占该区域自动监控现场端总数的比例不低于 95%。

4.1.1.3 超标调处

对所有超标现象予以关注，确认原因，排除干扰，废水日均值和废气时均值超标的响应率和确认率应达到 100%。对触发督办较为严重的超标问题，环境执法机构按相关程序开展现场检查和调处，并及时反馈调处结果，形成闭环。对连续严重超标的，启动挂牌督办、停产整治等行政程序。

4.1.1.4 运维市场管理

引导社会化运维机构和人员增强自觉守法意识和诚实守信的社会责任感，具有扎实的技术基础和创新能力，提供优质的运维和服务。促进第三方运维市场健康发展，竞争有序。

4.1.2 监督管理内容

4.1.2.1 建设联网

根据法律法规的相关规定以及环境管理政策的推进，重点排污单位、列入排污许可重点管理行业的企事业单位、规模以上入河排污口、入海排污口等均要求安装自动监控设施。

（1）自动监测设备安装要求

废气重点排污单位执行的排放标准中有 SO_2、NO_x、颗粒物限值要求的，应当安装对应的废气自动监测仪器、烟气参数监测设备和数据采集传输仪。废水重点排污单位执行的排放标准中有 PH、COD、NH_3-N、TP 和 TN 限值要求的，应当安装对应的废水自动监测设备、流量监测设备、水质自动采留样装置和数据采集传输仪。排放标准中或者环评批复（排污许可证）中明确要求安装其他监测因子自动监测仪器的，按要求安装。

列入行业、区域污染整治规划的相关排污单位，按照规划要求安装相应的自动监测设备。如规划中未明确安装范围的，按照污染控制因子排放总量占该行业本地区污染负荷 65% 确定排污单位名单。其他上级文件部署的，按照文件要求安装。

（2）视频监控设施安装要求

采样（排污）口处视频监控应满足监控画面同时覆盖自动监控设施采样区和排污口，如无法同时兼顾，可安装两路视频；污染物处理设施视频监控应能监视到治理设施主要环节或者特征环节，根据现场情况确定合适的位置；站房内视频监控能监控到主要设备的日常维护区域；标准化雨水集中排放口根据各地管理需要选择安装，如安装应在雨水汇合外排处。

（3）可暂不安装自动监测设备的条件

烟囱 / 烟道测量点位离烟道壁距离小于 1m，排气筒结构、强度、安全等难以满足技术规范对监测平台安装以及参比方法采样孔的相关要求的；排污单位生产废水循环利用不排入外环境，废水排放口为排污单位溢流口且不排放污染物的；1 年内累计生产时间不足 1 个季度的排污单位或者仅用作调峰的燃气电厂；排污单位停产 1 年及以上、正在拆除搬迁、已经注销或关闭、具有 1 年内关停明确计划的；排污单位因技改导致污染控制因子排放浓度大幅下降至标准限值 10% 以下，根据验收监测报告以及最近 2 次的监督性监测报告结果，可免予安装该污染因子的自动监测仪器；其他因客观因素暂时无法安装自动监测设备的（提供有效的证明材料）。

（4）联网

联网的流程根据相关规定和规范要求，自动监控设施安装后须开展单机调试，合格之后向属地生态环境部门申请联网调试。验收监测和联网一致性符合技术规范要求后，排污单位自行组织验收，形成污染源自动监控设施备案信息表，通过政务服务网或者业务专网向属地生态环境部门登记。

4.1.2.2 运行质量

按照技术规范的要求，数采仪对获取的自动监测仪器分析数据进行计算和标记，并上传至污染源自动监控平台。排污单位或者第三方维护机构根据企业生产情况、自动监控设施的启停运、维护、故障在监控平台上进行补充标记。监控平台根据上传信息和人工标记情况对照技术规范开展数据自动化审核、修约，并进行运行质量的评价。

（1）有效率定义

按列入标记范围的监测因子小时均值标记情况统计，有效率为平台标记为有效的小时均值总数占应获得小时均值总数的比例，其中应获得小时均值总数为自动监控设施应运行小时数与自动监测因子数的乘积。

（2）应获得小时均值总数

排污单位污染治理设施停运停排期间、自动监控设施整体搬迁改造至验收合格期间、自动监测仪器计量检定期间，不属于应获得小时均值的时间范围，应在规定时限内向生态环境管理部门报备。

水监测因子中 COD、NH_3-N、pH、TP、TN 和流量，气监测因子中颗粒物、SO_2、NO_x、CO、HCl、氧量和流速（量）为应获得小时均值的数据范围，其他监测因子可根据自动监测仪器技术规范的颁布情况列入评价范围。

（3）有效数据定义

非无效数据即为有效数据。无效数据包括：数据缺失 168h 内未补传成功的；标记为质控或者全过程标定工作状态的；超出质控、比对合格有效期的；处于计量检定或校准期间的；标记为现场检查实施标样核查期间的；处于故障期的。

无效数据的均值、排放量的计算和修约分别按照 HJ 75—2017、HJ 356—2019 和 HJ 212—2017 的规定执行。

4.1.2.3　现场监督检查

根据相关法律法规的要求，生态环境主管部门须对污染源自动监控设施的运行开展监督检查，对自动监控设施提供的异常预警信息开展调查核实。具体按照《污染源自动监控设施现场监督检查办法》规定开展。

4.1.2.4　运维市场监管

对第三方运维市场加强事中、事后监管，通过信用等级评价的方式协同管理。《浙江省企业环境信用等级评价管理办法（试行）》对污染源自动监控设施第三方运维机构的信用等级评价指标设置了运行质量、行政处罚情况、检查整改情况和环境犯罪等严重失信情况 4 个指标，并规定了具体的信用等级、评价方法、信息发布、信用修复和各信用等级对应政策。

4.2 自动监测数据网络巡检

4.2.1 巡检内容

4.2.1.1 自动监测数据巡检内容

（1）数据巡检

对上传至自动监控平台的自动监测数据的分钟数据、时均值数据和日均值数据进行巡检和分析，主要查看是否存在数据恒值、数据突变、数据过低、数据过大、数据缺失或数据明显不同于实际排放等异常情况，同时根据排污单位的行业类型和以往的排放情况对数据进行综合分析。

（2）数据状态巡检

对上传至自动监控平台的自动监测数据的分钟数据、时均值的数据状态进行巡检和分析，主要对自动监控设施停运、排放源启停炉、校准、维护保养、超测定上限、系统故障等状态进行巡检，分析自动监测数据与企业工况、治理设施实际运行情况是否一致。

4.2.1.2 运行记录巡检

（1）自动监控设施启停运记录

自动监控设施计划停运的，应报当地生态环境部门，排污单位通过浙江政务服务网进行停运报告，生态环境部门要对其停运报告情况进行审核确认。污染源启运前，应提前启动自动监控设施，并进行校准。监控平台上填报的停运时间要与排污单位实际情况保持一致。

一般排污单位计划停产 1 个季度以内的，不得停运自动监控设施，日常巡检和维护仍按要求开展。

（2）工况记录

自动监控设施在启炉、停炉和烘炉等非正常工况状态下运行时，应在监控平台录入相应的工况记录。数据巡检时要结合自动监测数据判断工况记录是否合理，例如，根据烟气温度、含氧量等因子分析工况记录的真实性。

（3）故障记录

自动监控设施出现故障时，应在监控平台录入相应的故障记录，根据要求对故障记录的及时性和真实性进行巡检。

4.2.1.3　视频巡检内容

（1）联网情况巡检

对上传至视频监控平台的视频点位进行巡检，查看视频监控点位是否联网，是否存在视频监控点位缺失等情况。

（2）监控画面巡检

对上传至视频监控平台的视频监控画面进行巡检，查看视频监控画面是否存在无画面、监控画面未对准、画面模糊、无录像、数据未叠加等情况。

4.2.2　数据巡检常见问题

4.2.2.1　脱机

（1）长期脱机

数据脱机一般是指监测数据因站房供电故障、网络故障或数据采集仪故障导致不能正常采集、传输数据至监控平台。一般数据采集仪故障应在 12h 内修复；网络故障修复后，排污单位应对监测数据进行补传。

（2）数据经常性缺失

数据经常性缺失一般是指在一个时间段内频繁出现监测数据未上传至监控平台的现象，需进行查看和分析，查看同一时段视频监控和门禁系统是否正常，或到现场查看仪器数据是否超标，分析是否存在人为干扰自动监控设施行为。

4.2.2.2　数据超标

（1）时均值超标

1h 内，任一污染物的自动监测时均值数据，有一项或一项以上的污染物超过排污单位规定标准排放限值的，可以认定其时均值超标。时均值一般用于评价废气排放情况，如废水时均值出现超标，可视超标频次和倍数作为超标预警条件。

（2）日均值超标

1 个自然日内，任一污染物的自动监测日均值数据，有一项或一项以上的污染物超过排污单位规定标准排放限值的，可以认定为其日均值超标。一般用于评价废水和具有日均值排放标准限值的废气排放情况。

4.2.2.3 数据异常

（1）数据变化异常

1）数据恒值

数据恒值，是指连续排放的情况下各污染物时均值数据连续多组不变；间歇性排放的情况下，则去除流量为 0 的连续多组数据不变。

一般数据恒值是由分析仪未按规定做样间隔进行分析、分析仪故障未正常运行或数据采集故障等原因造成。

2）数据过低

数据过低，是指自动监测时均值数据异常偏小或日均值明显低于历史均值，一般是由于分析仪故障、未采集到样品或人为作假等原因造成的。

3）数据明显异常于实际排放

企业生产工况或污染治理设施发生变化时，自动监测数据未发生相应变化。一般通过污染因子数据和排放参数数据的变化趋势进行分析。

（2）数据缺失

1）应联网数据未联网

多出现在有新建、补建或改建任务的自动监控站点。虽然现场端监控设施已经联网，但应当监控的因子未安装自动监测仪器或者未完成验收联网任务。

2）已联网设备数据丢失

自动监测设备联网状态下，部分监测因子数据未上传，如出现频次较高，需现场检查数采仪和自动监测仪器历史数据，是否存在故意设置选择性上报等情况。

（3）数据变化频次异常

1）数据变化频次不固定

一般多出现在废水自动监控现场端。例如，废水每 2h 监测一次，若出现数据变化频次与监测周期不吻合，可借助视频监控和门禁系统查看是否有人进入站房操作自动监测仪器；或者通过数采仪的日志查看是否有远程登录数采仪控制自动监测仪器运行。

2）污染物数据和流量数据呈周期性错位

一般多出现在废水自动监控现场端。出现此类情况的排污单位一般有多路废水，便于利用分析仪做样间隔排放高浓度废水。

3）分钟值超标异动导致时均值不超标

当分钟数据超标时，分钟数据在未到下一个监测时间点的时候出现了数据变化的情况。可借助视频监控和门禁系统查看是否存在人为干扰分析仪的行为，是否存在过度校准的行为。废水自动监控现场端还可以检查现场仪器的历史数据变化频次予以确认。

（4）数据计算错误

1）废水流量单位

废水流量单位没有转换成 m^3/h 进行计算。一般废水流量单位有 m^3/h 和 L/s 两种，自动监测流量数据没有按照要求统一换算成 m^3/h 进行计算。

2）废气折算公式

废气折算公式错误一般是指废气折算浓度未按照折算公式进行折算或标准过量空气系数错误等情形。

4.3 污染源自动监控现场端检查要点

4.3.1 现场端检查概述

4.3.1.1 污染源自动监控现场端检查内容

污染源自动监控现场端检查包括废水自动监控设施检查、废气自动监控设施检查、数据采集和传输单元检查、监测站房规范性检查等。

①废水自动监控设施检查主要包括排放口和采样预处理单元、流量监测单元、仪器分析单元、运行档案记录 4 个方面。

②废气自动监控现场端检查主要包括采样平台及采样系统单元、仪器分析单元、运行档案记录 3 个方面。

③数据采集和传输单元检查主要包括数据采集单元、数据处理单元、数据上传单元 3 个方面。

④监测站房规范性检查主要包括站房配套设施、制度、门禁和视频监控系统 4 个方面。

4.3.1.2 现场检查内容选择

（1）异常响应的监督检查

根据网络巡检提供的线索、数据超标或异常的响应等，开展日常检查，应通过分析线索确定检查范围，一般由自动监控管理部门或人员赴现场开展针对性的检查，以便提高检查效率。

（2）日常执法检查或双随机检查

自动监控设施的检查属于日常执法检查和双随机检查中的必选项，考虑到具体实施的时间要求以及人员专业情况，可针对最关键的环节进行检查。

（3）专项检查

针对污染源自动监控现场端开展的专项检查，包括日常例行检查或者专项重点检查，应当对自动监控现场端的安装、运行、维护、数据传输和档案记录等开展全面细致的检查。

（4）检查内容推荐表

各类检查的推荐内容详见表 4-1。

表 4-1 检查内容推荐表

内容	异常响应的监督检查	执法或双随机检查	针对自动监控的专项检查
废水排放口和采样位置	○	●	●
废水采样装置及管路	○	○	●
废水流量计	○		●
废气采样位置及平台	○	●	●
废水、废气仪器的管路	●	○	●
废水仪器的电极	○		●
废水仪器的消解单元	○		●
废水、废气仪器的量程设置	○		●
废水、废气仪器的校正 / 转换系数	●		●
废气仪器的反吹系统	○		●
废水、废气仪器准确度核查	●	●	●
标准物质检查	○	○	●
验收及备案资料	○	●	●
运行维护记录	○	●	●
数采仪污染因子配置	○		●
数据传输一致性	○	●	●
数采仪参数、公式设置	●	○	●
监测站房及配套设施			●
规范制度		●	●
视频门禁监控系统	○	○	●

注：●代表必查；○代表选查。

4.3.1.3　现场检查的准备

（1）资料

①核对型资料，包括备案登记信息表、运维记录、异常嫌疑数据等。

②线索型资料，包括数据分析报告、视频监控影像资料等。

（2）工具

①测试类工具，包括标准物质、便携式检测仪器、万用电表等。

②执法类工具，包括照相机、执法记录仪、现场执法文书等。

③辅助类工具，包括采样桶、扳手、橡皮管、安全帽、手套等。

4.3.2　废水自动监控现场端检查要点

4.3.2.1　排放口和采样预处理单元检查要点

（1）排放口检查

1）规范及要求

①排放口的布设符合《污水监测技术规范》（HJ 91.1—2019）要求；

②排放口依照《环境保护图形标志——排放口（源）》（GB 15562.1—1995）的要求设置环境保护图像标志牌，如图 4-1 所示；

③排放口应设置具备便于水质自动采样单元和流量监测单位安装条件的采样口，如图 4-2 所示；

④压力管道式排放口应安装满足人工采样条件的采样阀门。

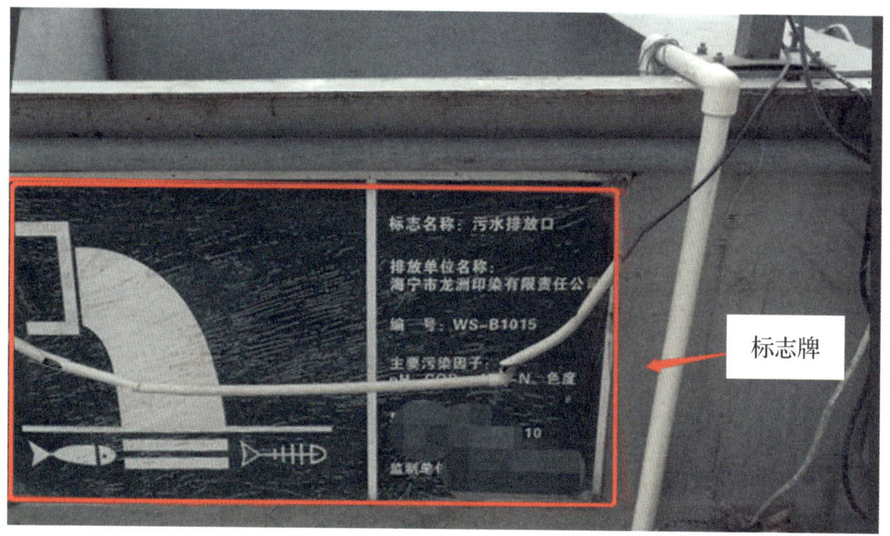

图 4-1　环境保护图像标志牌示例图

图 4-2 明渠式废水排放口

2）常见问题及影响分析

①通过三通管或者外接软管，将自来水或低浓度水排入标准排放口前段或者自动监控采样附近，如图 4-3 所示，导致所监测水样不是企业实际排放水样，自动监测数据一般比实际偏低，属于弄虚作假行为；

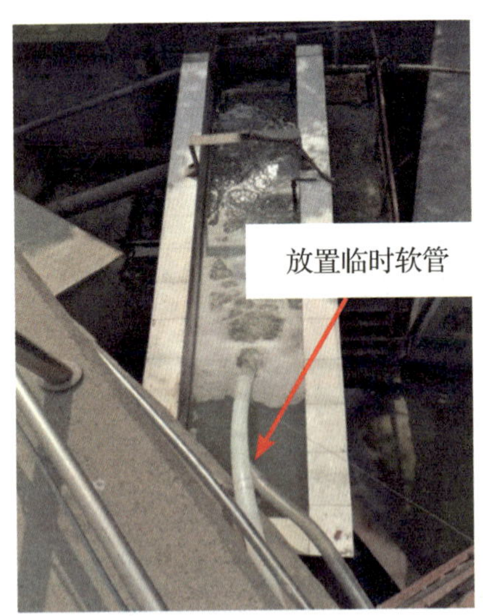

图 4-3 排放口私设软管稀释排放示例图

②通过旁路排放将部分或全部污染物绕过排放口进行排放，属于逃避监管行为；

③排放口无环境保护图像标志牌。

3）核查方法

①查看排放口设置是否规范；

②查看污水处理环节中是否有旁路设置或存在绕过排放口排放的管路；

③查看废水处理设施到排放口之间的管路是否存在三通等情况，如发现三通，则需要确认三通接入水源的属性；

④通过回放视频查看采样口上游是否有可疑管路，并进行现场确认，另外视频摄像可增加动态侦测和抓取功能；

⑤查看排放口是否有额外管路接入，这种情况通常比较隐蔽，可取最后一道污水处理工艺池水样与排放口水样进行现场对比，如数据相差过大，则可能存在稀释水样的情况，在条件允许下，可暂时关闭企业排污管道阀门，抽干集水井，观察是否有其他管路。

（2）采样位置检查

1）规范及要求

采用明渠排放的，采样口应设置在堰槽前方，合流后充分混合的场所，并尽量设在流量监测系统标准化计量堰（槽）取水口头部的流路中央，采水口朝向与水流方向一致，减少采水部前端的堵塞，如图 4-4 所示。

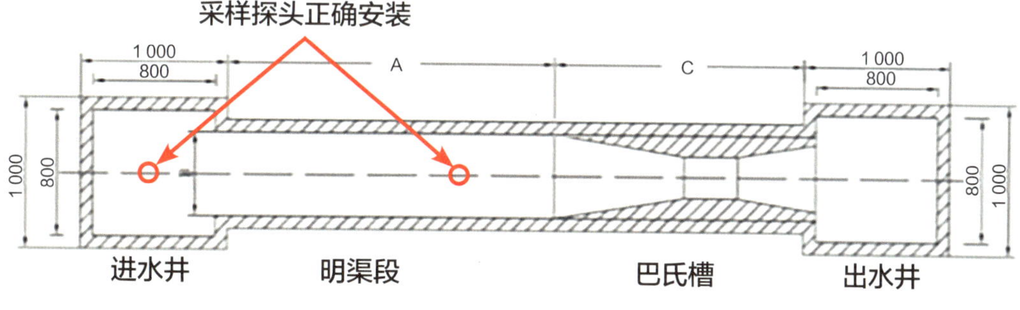

图 4-4　采样探头位置设置示意图

2）常见问题及影响分析

采样探头安装在废水滞留或混合不充分的区域，如图 4-5 所示。导致所采水样不具有代表性，不能真实反映实际排放情况，采水装置堵塞严重时将造成自动监控设施无法运行。

图 4-5 采样口位置不规范示例图

3）核查方法

①查看采样口安装位置是否合理；

②查看是否在标准化计量堰（槽）头部采水，采水口朝向是否与水流方向一致；

③测量合流排水时，查看采样探头是否在合流后充分混合的区域采水。

（3）采样管路检查

1）规范及要求

①采样管路应采用优质的聚氯乙烯（PVC）、三聚丙烯（PPR）等不影响分析结果的硬管；如使用潜水泵采样时，应尽量减少软管长度；

②采样管路宜设置为明管，并标注水流方向；

③采样管路应保证将水样不变质地输送到各水质分析仪或水质自动采样器。

2）常见问题及影响分析

①采样管路未固定，采样管路中有部分采用软管方式铺设，如图 4-6 所示；

②采样管路中设置旁路，采用自来水或低浓度水达到稀释水样的效果，如图 4-7 所示；

③采样管路中人为加装水槽，可向水槽内注入其他水样替代实际水样，如图 4-8 所示。

主要影响：采样管路可以大范围移动，为造假提供便利；所监测水样不是企业实际排放水样，导致数据失真。

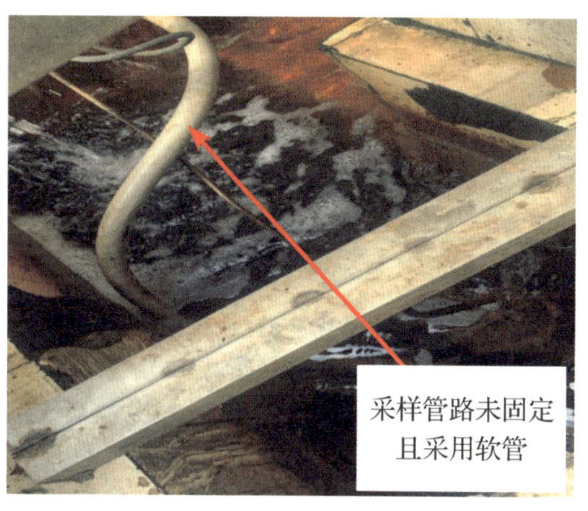

图 4-6　采样管路未固定且采用软管示例图

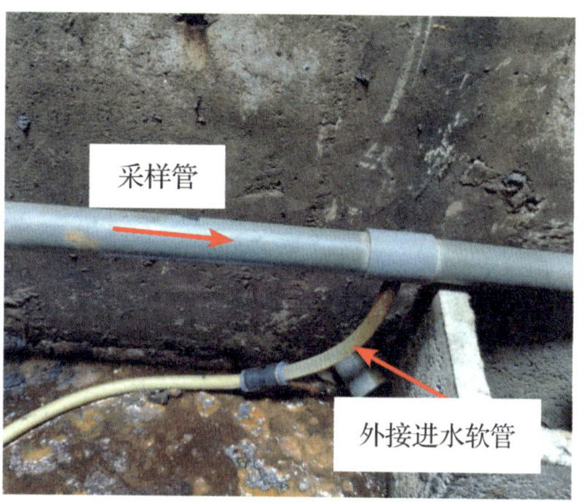

图 4-7　采样管外接进水管路示例图

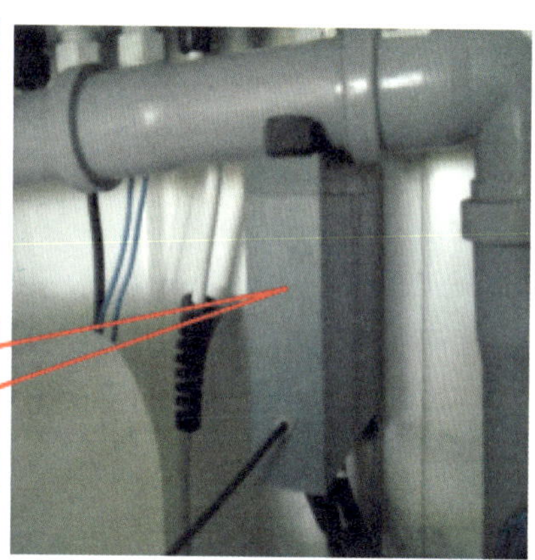

图 4-8　人为加装水槽与原厂装置对比示例图

3）核查方法

①查看采样管路材质是否符合规范，查看采样管路是否固定。

②若使用潜水泵采样的，查看软管长度是否过长。

③查看采样管路是否有三通管路连接，观察附近是否有条件水源可供稀释，如站房中有自来水池，观察自来水管路走向，是否接入采样管路。

④现场查看采样管路中是否设置水槽，如设有水槽，则需查阅分析仪说明书和验收资料，对照现场安装情况，检查是否违规设置水槽。如分析仪需设置水槽的，则需检查水槽是否有异常水样接入。

⑤在明渠排放口或管道式排放口人工采集水样与自动采样器或分析仪的样品进行比对。

（4）采样装置检查

1）规范及要求

①采样泵对水质参数没有影响，安装位置应便于采样泵的维护，定期对采样泵和过滤网进行清洗和维护；

②水质自动采样器应设置 A、B 两个采样桶，交替采样和供样，混合采样桶单桶容量至少满足仪器分析、比对和监管采样的用量之和，如图 4-9 所示；

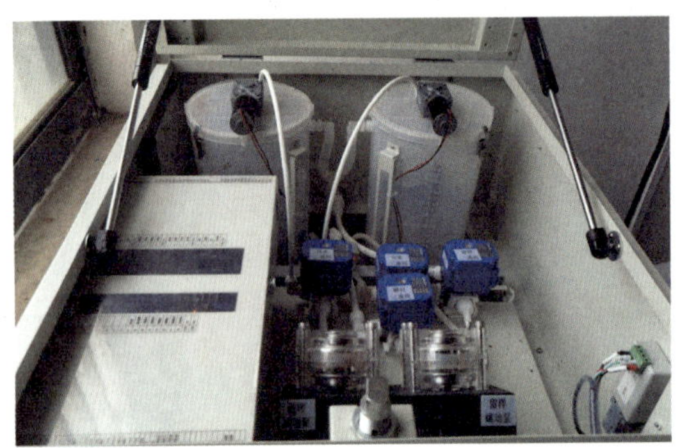

图 4-9　AB 桶混合采样器示例图

③统一供样、同步分析，不得为其他容器、管路提供水样；

④具有超标留样、平行监测留样和比对监测留样的功能，留样温度控制在 4℃以下，使用玻璃瓶或聚乙烯瓶。

2）常见问题及影响分析

①采样泵烧坏、采水压力不足，有漏气、漏液等现象，导致水样不足或采样失败；

②采样模式、参数设置不合理，经常导致采样失败；

③无法实现留样功能；

④采样桶、供样管、留样瓶维护不及时，导致样品和留样被污染，如图 4-10 所示。

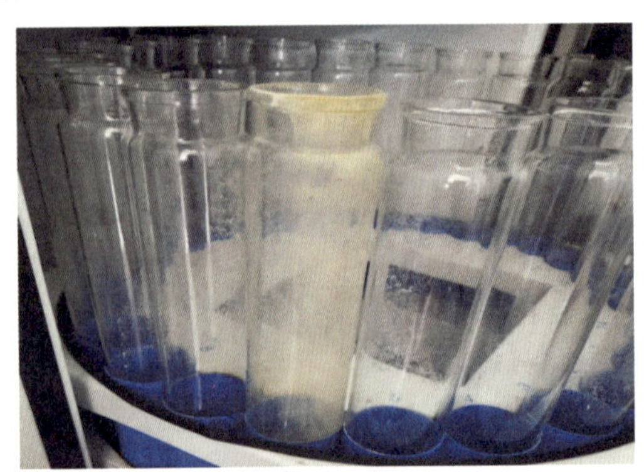

图 4-10　留样瓶未及时清洗示例图

3）核查方法

①查看采样装置的安装和运行情况；

②计算采样所需量，对比实际采样量是否达到标准；

③通过平台或数采仪发送留样指令，查看是否能够完成指令。

4.3.2.2　流量监测单元检查要点

（1）超声波流量计规范性检查

1）规范及要求

①根据排放口的污水流量、水质情况及现场工况选择合适的计量堰（槽）型号和规格，保持水的流态为自由流；巴歇尔槽中心线、矩形缺口中垂线、三角形薄壁堰堰口的垂直平分线应与行近渠槽中心线重合。

②流量计探头在明渠上的安装位置要符合量水堰槽的要求，一般三角堰、矩形堰要安装在堰板上游，距离堰板相当于最大过堰水深的 3 ～ 4 倍；巴歇尔槽在进口收缩段的 1/3 位置；

③探头要垂直对准水面，不得歪斜；注意超声波的盲区，最高水面距离探头底面大于 0.4m，即校正棒的下端离最高水面不得小于 0.1m；安装探头时，注意不要使声波传播的路径上有多余反射面；流量计探头应安装在相应堰槽规定的点位并安装在探头支架上，探头和支架固定牢靠，不得活动。如图 4-11 所示。

图 4-11　超声波流量计正确安装示例图

2）常见问题及影响分析

①流量计探头与水面不垂直；

②流量计探头未固定，可随意移动，如图 4-12 所示；

③参数设置不准确；

④流量计液位测量不准确。

产生的影响：流量数据不准确。

3）核查方法

①查看超声波明渠流量计安装位置是否正确；

②查看流量计探头和支架是否固定，如有移动痕迹，可通过平台流量数据分析，结合视频监控回放进行查证；

③采用遮挡法（用遮挡物在流量计探头正下方上下移动），观察流量计数值是否同步变化，如图 4-13 所示；检查超声波探头与水面之间是否有干扰测量的物体；

④用便携式明渠流量计比对装置（液位测量精度≤ 0.1mm）和超声波明渠流量计测量同一水位观测断面处的液位值，进行比对试验，液位比对误差≤ 12mm，流量比对误差≤ 10%。

图 4-12 超声波流量计被人为抬高示例图

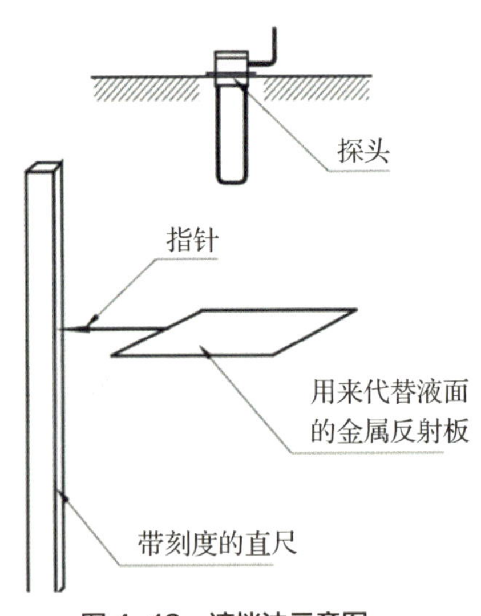

图 4-13 遮挡法示意图

（2）管道流量计检查

1）规范及要求

①安装牢固稳定，应保证流量计测量部分管道水流时刻满管，仪器周围应留有足够的空间，方便仪器维护和比对，如图 4-14 所示；

图 4-14　管道电磁流量计正确安装示例图

②符合 HJ/T 367—2007 等技术要求；

③检定证书是否在有效期内。

2）常见问题及影响分析

①流量计安装位置不合理，测量时水流不满管，导致测量数据不准确；

②检定证书没在有效期内。

3）核查方法

①对照本书第 2 章表 2-1 电磁流量计常用安装示例图及要求，检查管道电磁流量计安装位置是否合理；

②检查管道电磁流量计的检定证书是否在有效期内；

③可以手动关闭阀门，观察数据是否变化。

4.3.2.3　仪器分析单元检查要点

（1）pH 水质自动分析仪检查

1）规范及要求

pH 水质自动分析仪进行实时监测，需定期用酸液清洗 pH 电极，必要时进行校准或更换。

2）常见问题及影响分析

①电极钝化、脏污、损坏等，导致数据不准确，如图 4-15 所示；

② pH 电极与被测水样隔离，例如，电极加套，或者放置在水瓶内，如图 4-16 所示，

属于弄虚作假行为。

图 4-15 pH 电极干净和脏污示例图

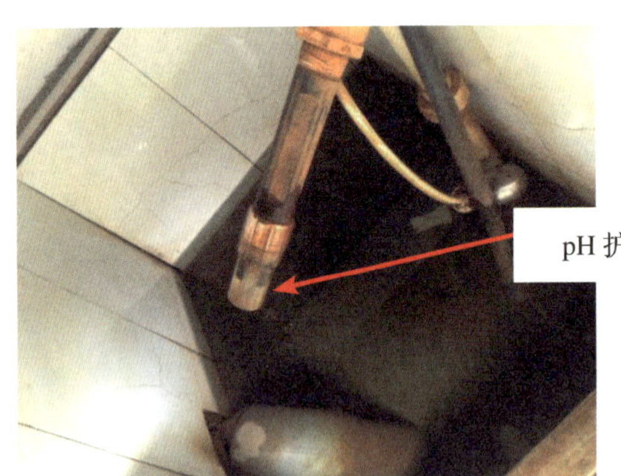
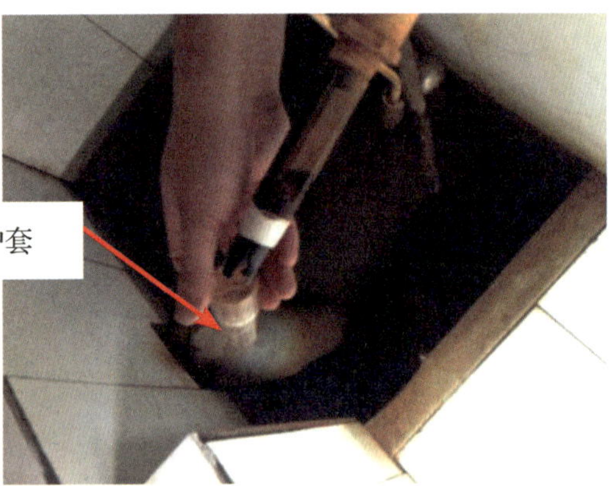

图 4-16 pH 电极加套示例图

3）核查方法

①拔出 pH 电极，查看是否存在加套、脏污、损坏等现象；

②采用标准样品对 pH 电极进行标样核查，查看误差是否符合规范要求。

（2）分析仪管路检查

1）规范及要求

①按照分析仪说明书连接各管路，保证将水样不变质地输送到各水质分析仪。

②定期更换蠕动泵管等易耗品。

2）常见问题及影响分析

①蠕动泵管老化漏液，或者管路玷污，导致监测结果不准确，如图 4-17 所示。

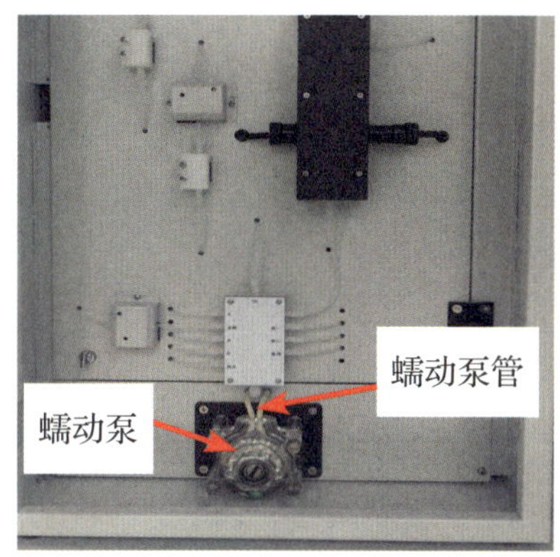

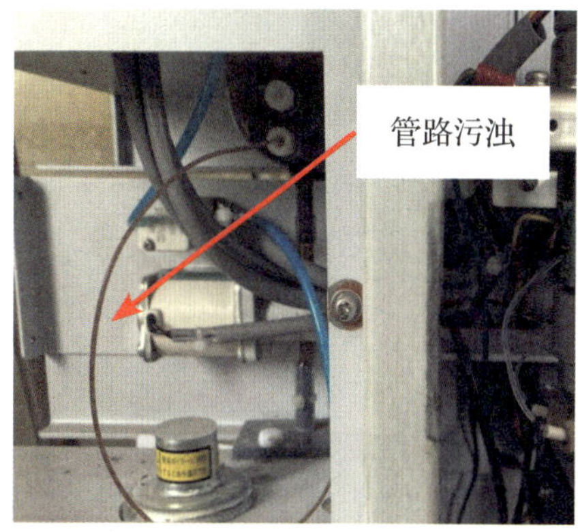

图 4-17　蠕动泵及泵管示例图

②分析仪进样管被拔出并插入其他液体中，导致数据失真，属于弄虚作假行为，如图 4-18 所示。

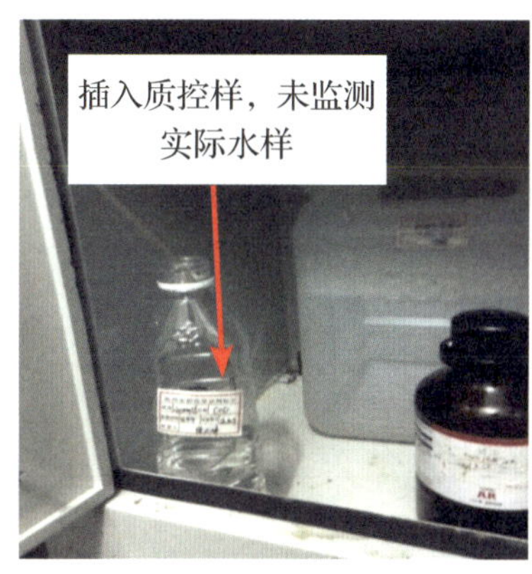

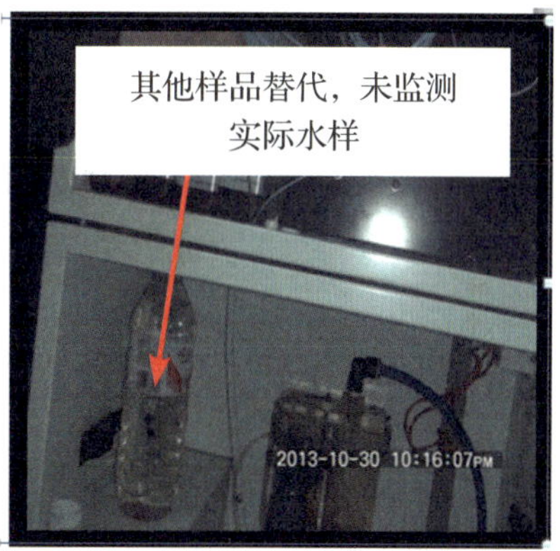

图 4-18　仪器进样管被拔出并插入其他溶液

3）核查方法

①查阅运维记录，检查是否定期清洗和更换管路；

②拆卸蠕动泵管，观察周围是否有水渍；

③检查分析仪管路连接情况，是否存在采样管插入其他溶液的情况。

（3）仪器消解单元检查

1）规范及要求

①消解单元应能实现快速加热并保持恒温消解控制，COD_{Cr} 采用密闭消解方式测量的消解时间不小于 15min，消解温度不低于 165℃，其他设备消解对照仪器说明书；

②定期对消解单元进行检查及清洗，必要时更换易损耗件。

2）常见问题及影响分析

①仪器消解单元消解温度设置偏低、消解时间不足，不符合技术要求；

②仪器消解单元脏污、漏液等。

产生的主要影响：水样消解不完全，测定数据偏低或不准确。

3）核查方法

①查看消解参数设置，如图 4-19 所示；

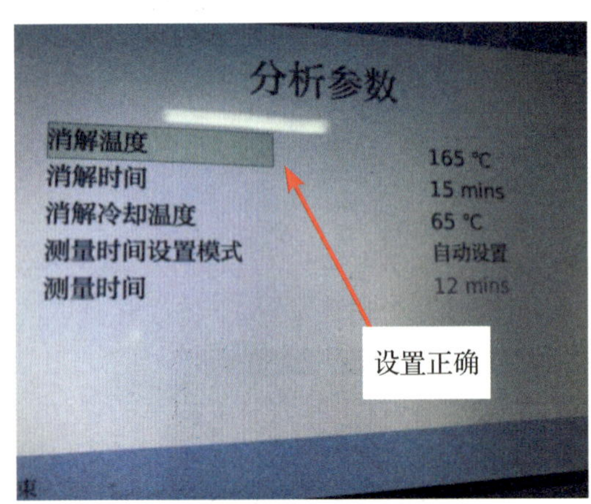

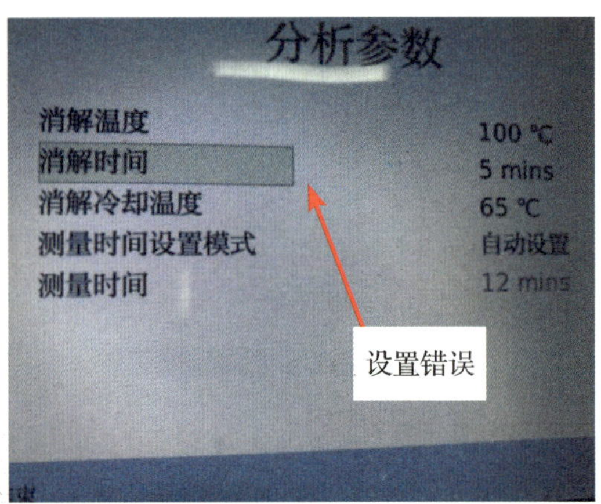

图 4-19 COD_{Cr} 仪器消解单元消解温度和时间示例图

②查看仪器消解单元是否清洁，是否漏液，查看加热模块是否正常工作；查看光源模块是否正常工作。

（4）电极法测量仪器检查

1）规范及要求

①定期添加电极填充液、更换膜片和清洗电极探头；

②定期对仪器进行校准，电极如图 4-20 所示。

2）常见问题及影响分析

①电极填充液不及时添加、膜片不及时更换和电极探头脏污；

②仪器校准参数不正常。

产生的主要影响：测试结果不准确。

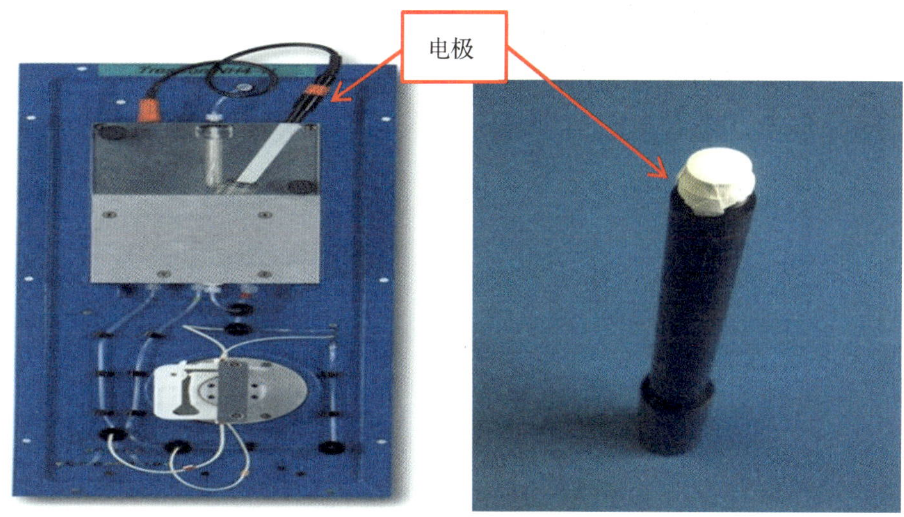

图 4-20　电极及电极膜示例图

3）核查方法

①查阅运维记录，检查是否定期添加电极填充液、更换膜片和清洗电极探头；拆卸电极，观察是否有脏污现象；

②对仪器进行标准样品核查。

（5）仪器量程设置检查

1）规范及要求

①应根据现场实际水样排放浓度合理设置，量程上限应设置为现场执行的污染物排放标准限值的 2 ～ 3 倍；

②时均值数据低于排放标准限值 20% 的，可适当减小量程，或选用具备量程自动切换功能的仪器，其中大量程不得低于排放标准限值的 2 倍。

2）常见问题及影响分析

①仪器量程设置过高，可能导致低浓度测量时超出误差范围；

②仪器量程选择过低，当实际水样浓度超过量程上限时，无法获取真实数据；

③仪器量程和备案信息不一致。

3）核查方法

①查阅企业排放标准限值，查看仪器量程设置是否符合要求，如图 4-21 所示；

②查阅仪器历史数据，观察是否经常超出量程或满量程显示；

③调阅仪器日志，查看是否频繁修改量程；

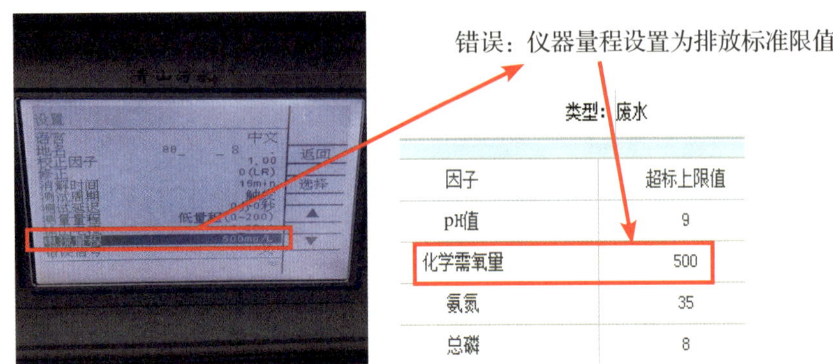

图 4-21 仪器量程设置一致示例图

④如遇可自动切换量程的设备，可用不同浓度质控样进行测试，观察切换量程功能是否开启。

（6）仪器修正 / 转换系数检查

1）规范及要求

①仪器一般有修正系数的设置，但目前的规范文件不允许设置修正系数。

② TOC-COD_{Cr} 每月现场维护时应检验 TOC-COD_{Cr} 转换系数是否适用，实际水样比对试验相对误差应满足 HJ 355—2019 表 1 要求，必要时进行修正。

2）常见问题及影响分析

①修正系数设置小于 1，造成数据等比例变小。

②将斜率值设置得很小，将截距设置成常见排放浓度，从而使仪器显示数值为截距附近很小范围内的一个值，例如，设置斜率为 0.2，截距为 10，实际水样浓度为 100mg/L 时仪器显示值为 30mg/L，数据变小且随实际浓度变化波动。

③ TOC 仪器中 TOC 与 COD_{Cr} 转换系数设置不正确，无调试材料支撑。

3）核查方法

①查看仪器参数设置，如图 4-22、图 4-23 所示；

②查看调试转换系数的原始记录；

③ TOC 设备检查时同实际水样比对，确定 TOC-COD_{Cr} 系数是否合适。

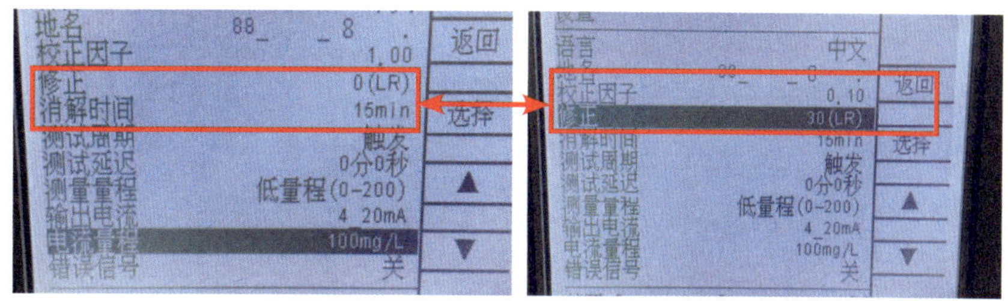

图 4-22　仪器修正系数设置示例图

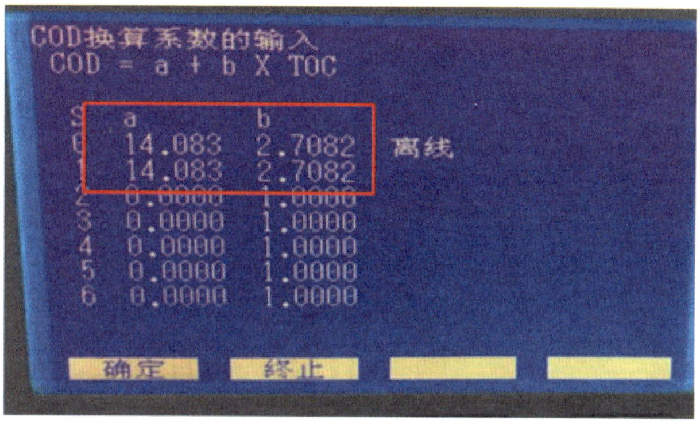

图 4-23　TOC-COD_{Cr} 转换系数设置示例图

（7）标准溶液和试剂检查

1）规范及要求

①各仪器标准溶液和试剂应与备案登记信息一致，在有效使用期内，余量够一个运维周期使用；

②标准溶液和试剂更换时，应规范张贴试剂标签，标签应标注试剂名称、有效期、配制人、配制日期；

③日常质控所用标准物质浓度符合规范要求，即约 0.5 倍量程浓度。

2）常见问题及影响分析

①反应试剂和标准物质标签填写不规范，监测数据无法溯源，导致数据准确性无法保障；

②反应试剂的浓度错误或者试剂过期，导致数据不准确；

③标准物质的浓度不符合技术规范的要求，导致数据质量失控；

④标准物质的浓度与仪器设置不一致，如仪器设置的标定量程为 100mg/L，但实际使用的标准溶液为 200mg/L，则标定后所有数据等比例降低，属于弄虚作假行为。

3）核查方法

①检查标准溶液和试剂标签是否规范，试剂标签如图 4-24 所示；

②检查试剂浓度是否与登记备案表和仪器设置一致，如图 4-25 所示，检查运维记录中日常质控浓度是否符合技术规范要求；

③利用具有溯源的标准物质进行核查；

④封存现场标准物质送实验室检验。

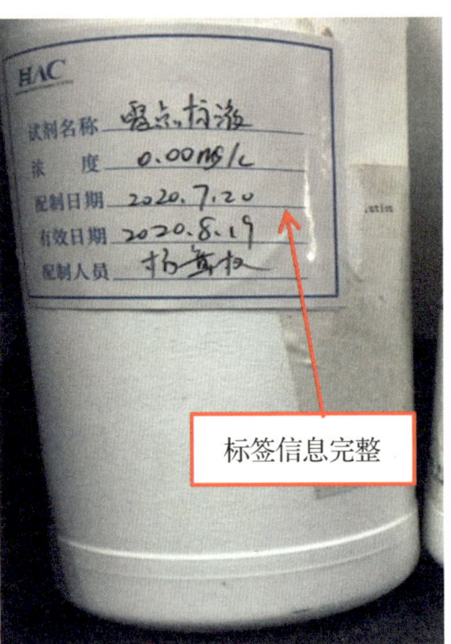

图 4-24　试剂标签示例图

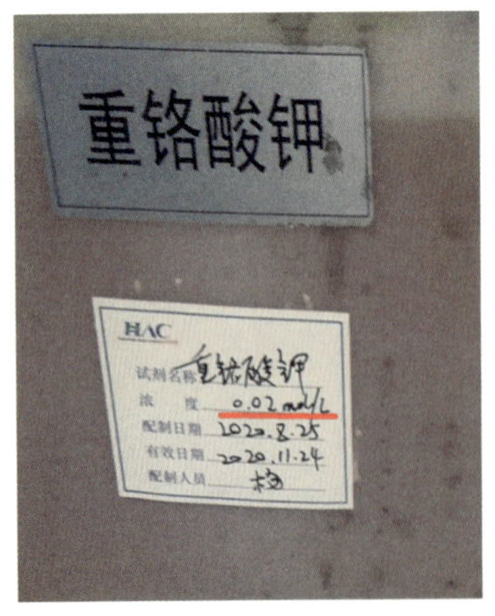

生产商	美国哈希	美国哈希	杭州科盛	美国哈希	日本岛津
代理商	鼎利环保	鼎利环保	/	鼎利环保	/
测试方法	重铬酸钾法	比色法	玻璃电极法	超声波	吸光光度法
量程	0-100	0-12	0-14	0-6000	TP0-1 TN0-30
检出限	10	0.2	0	0	TP0.02 TN0.1
分析周期	2 小时	2 小时	/	/	2 小时
主要试剂 1 及浓度	重铬酸钾（0.06g/L）	指示剂溶液	/	/	钼酸铵
主要试剂 2 及浓度	硫酸-硫酸银	逐出液	/	/	2.4% 抗坏血酸
主要试剂 3 及浓度	硫酸汞	5mg/L 标准溶液	/	/	1+16 盐酸
主要试剂 4 及浓度	/	/	/	/	1+3 硫酸

图 4-25　试剂浓度低于量程对应要求且与备案信息不一致示例图

（8）仪器准确度核查

1）规范及要求

准确度指标详见 HJ 355—2019 表 1 或本书第 3 章表 3-1。

2）常见问题

准确度超出标准规定的误差允许范围。

3）核查方法

①在联网条件下，使用符合精度要求的有证标准物质对仪器进行准确度核查，如图 4-26 所示；

②进行实样比对，至少进行 3 组，人工送样应符合相关采样技术规范的要求。

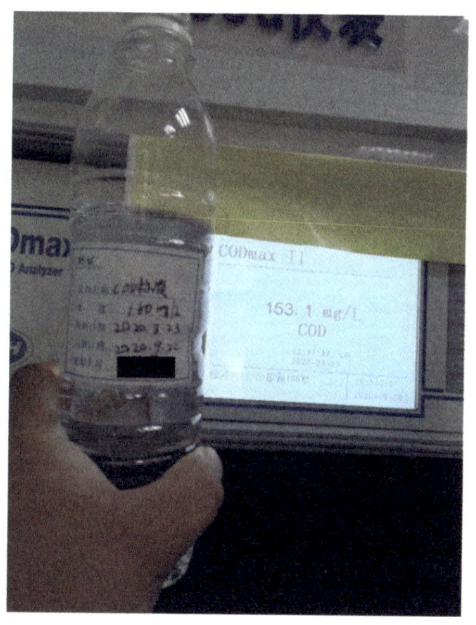

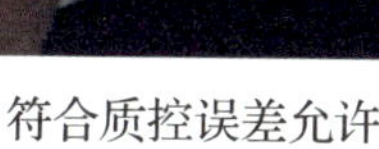
符合质控误差允许

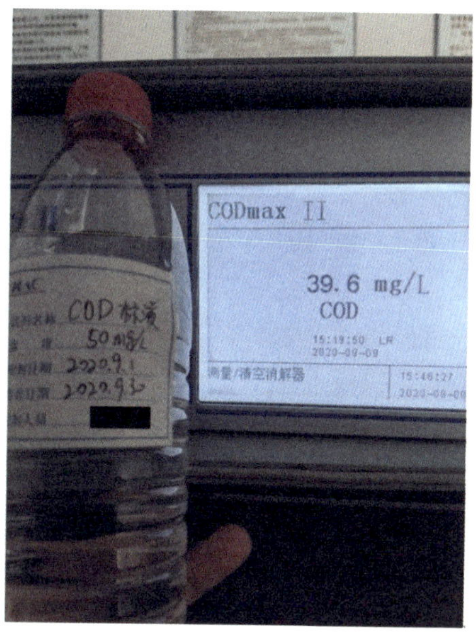

超出质控误差允许

图 4-26　仪器标液核查结果示例图

4.3.2.4　档案检查要点

（1）验收及备案资料检查

1）规范及要求

验收资料应当包括建设合同、施工方案、调试检测报告、验收检测报告、数据传输技术报告、其他监控设施合同完成情况对照表以及各设备的计量器具制造许可证、产品合格证、操作说明书等，如图 4-27 所示；备案信息表按规定的统一格式填写完整并盖章。

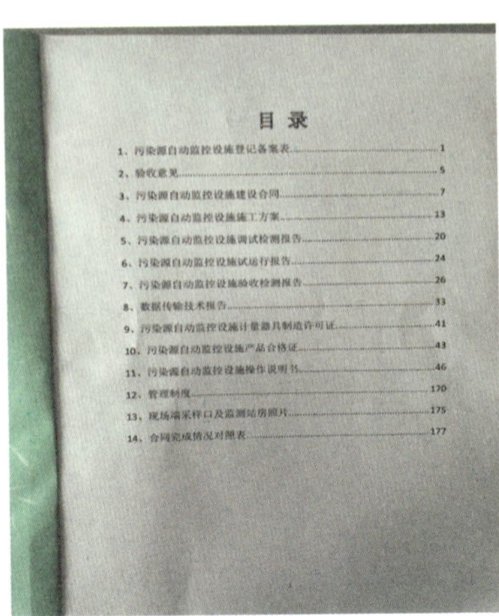
目录

图 4-27 自动监控设施验收材料清单示例图

2）常见问题

①验收资料不完整；

②备案内容错误，信息变更报备不及时。

3）核查方法

查阅资料，现场核对。

（2）运行档案检查

1）规范及要求

①每 7d 至少进行一次现场维护 / 巡检，运行记录（维护、易耗品更换、故障、质控校准、比对、危废处理等）现场至少保留 1 年，质控校准数据可在仪器和监控平台上查询；

②每月至少一次对水质自动监测仪进行实际水样比对试验，每季度至少使用便携式明渠流量计比对装置对超声波明渠流量计进行一次比对试验，比对记录在仪器和平台上查询；

③所有记录按类别成册，推荐使用电子化记录；

④仪器产生的含重金属废液必须按危废处置要求处置，如委托有资质的第三方公司回收，需保存危险废物转移五联单。

2）常见问题

①运行档案填写错误、频次不够、记录缺失；

②故障维修不及时；

③记录与实际不符，属于弄虚作假行动；

④未按要求进行危险废物转移处置。

3）核查方法

①查阅运维档案，核对运维频次是否符合要求，质控浓度是否符合规范要求，故障维护是否及时，信息是否完整。

②查看故障维护信息是否和实际情况一致，质控数据是否与仪器历史记录及平台一致，如图 4-28 所示；根据仪器做样时间间隔，间隔数据为一致的则为仪器自动做样，不一致的数据为手工 / 质控样，以此判断仪器数据是否为真实质控数据，如图 4-28 所示。

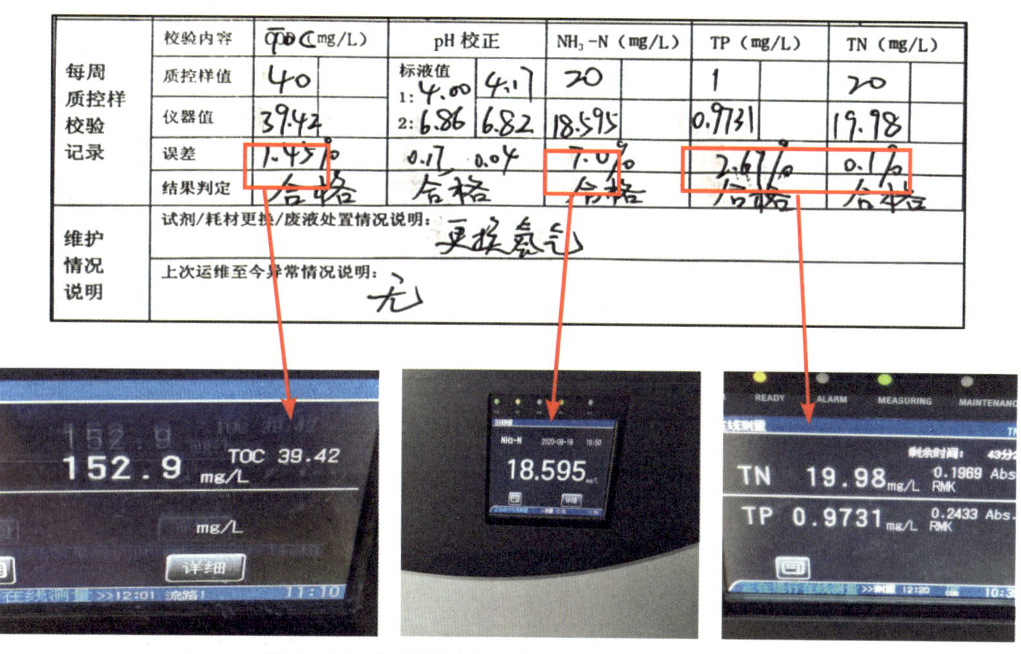

每周质控样校验记录	校验内容	COD（mg/L）	pH 校正		NH$_3$-N（mg/L）	TP（mg/L）	TN（mg/L）
	质控样值	40	标液值 1：4.00	4.17	20	1	20
	仪器值	39.42	2：6.86	6.82	18.595	0.9731	19.98
	误差	1.45%	0.17	0.04	7.0%	2.69%	0.1%
	结果判定	合格	合格		合格	合格	合格
维护情况说明	试剂/耗材更换/废液处置情况说明：更换氨氮						
	上次运维至今异常情况说明：无						

图 4-28　运维档案记录与仪器数据一致示例图

③比对数据是否具备量值溯源，是否符合计量认证要求。

④检查现场危险废物是否与有资质的回收处理公司签订合同，是否有危险废物转移记录，转移量是否与仪器产生量匹配。

⑤检查比对操作是否符合技术要求，如用质控样代替的操作是否符合技术要求，比对的几组数据是否能在仪器历史记录中寻得。

⑥结合视频监控，观察质控、比对作业是否规范。

4.3.3 废气自动监控现场端检查要点

4.3.3.1 采样平台及采样系统检查要点

（1）采样平台检查

1）规范及要求

①采样或监测平台长度应≥ 2m，宽度应≥ 2m 或不小于采样枪长度外延 1m，周围设置 1.2m 以上的安全防护栏，有牢固并符合要求的安全措施，便于日常维护（清洁光学镜头、检查和调整光路准直、检测仪器性能和更换部件等）和比对监测。采样或监测平台应易于人员和监测仪器到达，当采样平台设置在离地面高度≥ 2m 的位置时，应有通往平台的斜梯（或 Z 字形梯、旋梯），宽度应≥ 0.9m；

②当采样平台设置在离地面高度≥ 20m 的位置时，应有通往平台的升降梯，如图 4-29 所示。

图 4-29 通往平台的 Z 字梯和直爬梯现场示例图

2）常见问题及影响分析

①通往采样平台是直爬梯；

②操作平台面积不足；

③台阶、护栏和平台锈蚀严重。

产生的主要影响：设备维护和采样监测时存在安全隐患。

3）核查方法

现场查看。

（2）采样位置检查

1）规范及要求

①应优先选择在垂直管段和烟道负压区域，确保所采集样品的代表性。测定位置应避开烟道弯头和断面急剧变化的部位，对于圆形烟道，颗粒物 CEMS 应设置在距弯头、阀门、变径管下游方向≥ 4 倍烟道直径，以及距上述部件上游方向≥ 2 倍烟道直径处；便于颗粒物参比方法的校验和比对监测，不宜安装在烟道内烟气流速＜ 5m/s 的位置，如图 4-30 所示。

②若一个固定污染源排气先通过多个烟道或管道后进入该固定污染源的总排气管时，应尽可能安装在总排气管上，但要便于用参比方法校验；不得只在其中的一个烟道或管道上安装，并将测定值作为该源的排放结果，但允许在每个烟道或管道上安装。

③采样孔一般布置在同一个水平面上或沿烟气流动方向，依次布置气态污染物、温度压力流速、颗粒物采样孔，互不影响测量。

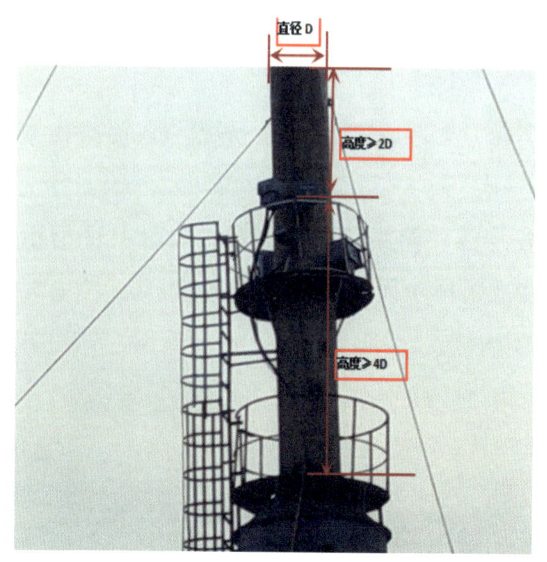

图 4-30　采样位置示例图

图 4-31　颗粒物安装点位不规范示例图

2）常见问题及影响分析

①采样位置设置在弯头或断面急剧变化的部位，导致所采样品不具有代表性；

②颗粒物采样位置设在气态污染物采样位置的上游，如图 4-31 所示，颗粒物监测时连续吹扫使气态污染物被稀释，导致监测结果偏低。

3）核查方法

①现场查看；

②现场不具备规范条件而采用替代安装位置的，查看调试检测报告。

（3）采样环节检查

1）规范及要求

①从探头到分析仪的整条采样管线的铺设应采用桥架或穿管等方式，保证整条管线具有良好的支撑；管线倾斜度≥ 5°，防止管线内积水；如使用伴热管线，应具备稳定、均匀加热和保温的功能，设置加热温度应≥ 120℃，伴热管路无 U 形弯、无上行段；

②完全抽取法（包括热湿法和冷干法）的仪器要使用伴热管，稀释抽取法的仪器不需要伴热，但采样探头都需要加热；

③尽量缩短采样管路裸露管段的长度；

④设备的安装法兰通过焊接或水泥固定在烟道上，安装法兰之间加耐热垫密封，用螺栓连接紧固；采样头、采样管、伴热管各连接处应严格密封。

2）常见问题及影响分析

①采样孔连接处不密封，如图 4-32 所示，会造成管路漏气，导致气态污染物测量数据偏低；

②完全抽取法的仪器采样管路未全程伴热，伴热管有 U 形弯，如图 4-33 所示，采样管路裸露段较长，采样探头加热温度或采样管线加热温度不到 120℃（垃圾焚烧行业应达到 180℃），则会使采样管道路内烟气温度低于露点，水汽析出，烟气中气态污染物溶于水，导致测量数据偏低；

③采样管路中有三通稀释管路，稀释样品，涉嫌弄虚作假。

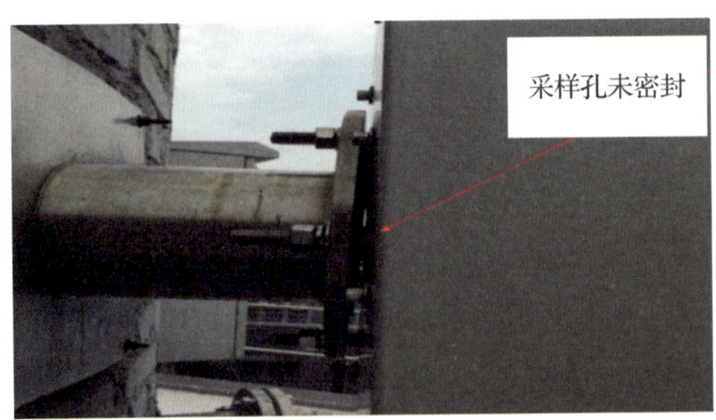

图 4-32 采样孔未密封示例图

图 4-33　伴热管 U 形和温度不足示例图

3）核查方法

①查看采样管路，是否存在 U 形弯；

②查看探头与伴热管加热温度的设置和实际运行值是否达到规定要求，现场可以用手握伴热管的方法初步判断温度是否达标；

③用标准气体进行全系统校准，检查误差是否符合规范要求，同时观察响应时间是否大于 200s，如果超过标准时间则系统可能漏气；

④观察仪器采样管路走向，是否有额外管路接入，观察站房中或附近采样平台上是否有额外气源。

4.3.3.2　仪器分析单元检查要点

（1）反吹系统检查

1）规范及要求

反吹系统应运行正常，反吹气应为干燥清洁气体，一般需反吹的部件包括 3 个，分别是颗粒物测量仪镜片、气态污染物采样探头、皮托管探头。

2）常见问题及影响分析

反吹装置或反吹气源运行不正常，反吹管路脱落，如图 4-34 所示，导致颗粒物测试仪镜片污染，使测量浓度偏大，气态污染物采样探头和皮托管探头堵塞，数据异常，严重时设备无法运行。

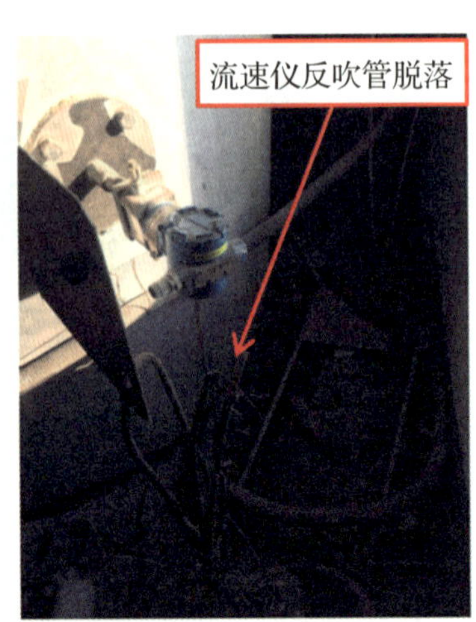

图 4-34 反吹管路脱落图

3）核查方法

①检查平台上烟尘仪反吹风机叶片是否转动，听风机是否有运转的声音，用手感觉风机是否振动，判断风机是否正常运行，如图 4-35 所示；

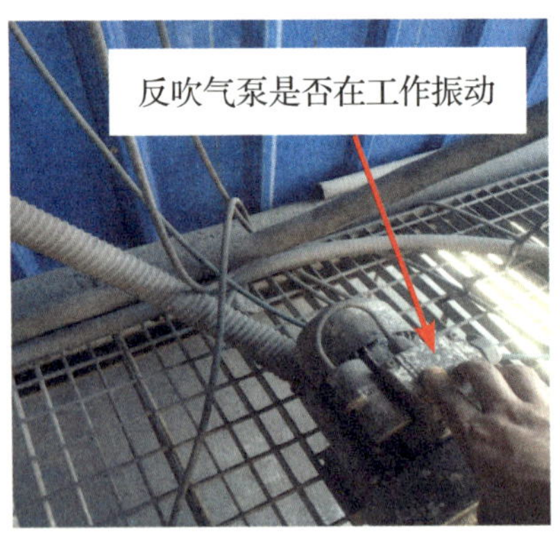

图 4-35 反吹系统现场检查图

②检查吹扫装置与烟尘仪的管道连接是否牢靠；管道应无裂缝，如发现老化情况应及时更换；检查吹扫风机的滤芯是否清洁；

③检查平台上气态污染物探头和皮托管探头反吹管是否正常连接，平台上反吹气阀门是否打开；

④检查流速仪自动吹扫与校零功能是否正常；

⑤检查反吹压缩空气，查看压缩空气压力是否在正常范围内。

（2）气态污染物分析仪预处理系统检查

1）规范及要求

①各连接管路应牢固完整，管路接头密封性好，没有漏气和裂缝现象；易耗品应定期更换，过滤器滤料应使用不吸附和不与气态污染物发生反应的疏水材料；

②冷干法 CEMS 具有冷凝装置，其设置和实际控制温度应保持在 2 ～ 6℃，其实际温度数值可查询；

③采用转化炉方式测量 NO_x 的，加热温度和催化器更换频次符合仪器说明书要求；

④全过程校准性能指标符合 HJ 75—2019 表 1 或本书第 3 章表 3-1 的要求。

2）常见问题及影响分析

①内部管路老化，管路密封性不好，或者人为钻孔，如图 4-36 所示，导致实测浓度偏低；

②存在其他三通管路，使用低浓度气体或者氮气稀释所测样气，如图 4-37 所示，导致实测浓度偏低；

③ CEMS 冷凝器温度设置错误，或冷凝器故障，实际温度无法达到要求，导致气态污染物被冷凝水过分吸收，如图 4-38 所示，导致实测浓度偏低；

④过滤器维护不及时，滤芯堵塞，影响分析仪测量，严重时导致仪器无法正常工作，滤芯变质或加入其他物质能吸收污染物，导致数据偏低；

⑤ NO_x 转化炉温度不足，催化剂长期未更换，转化效率不足，导致数据偏低；

⑥进样流量与仪器说明书不符，影响数据准确性。

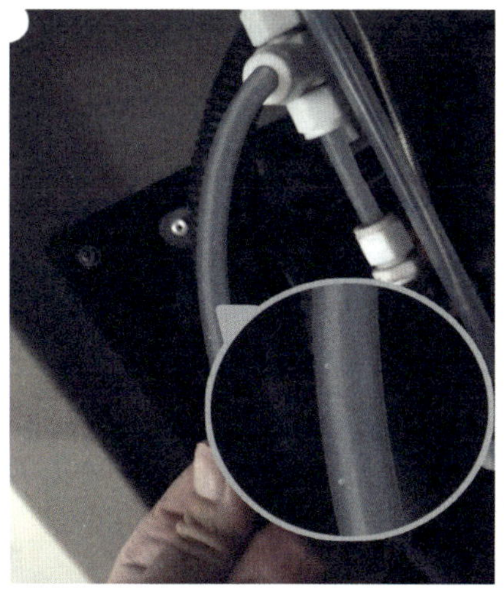

图 4-36　进样管路被人为钻孔示例图

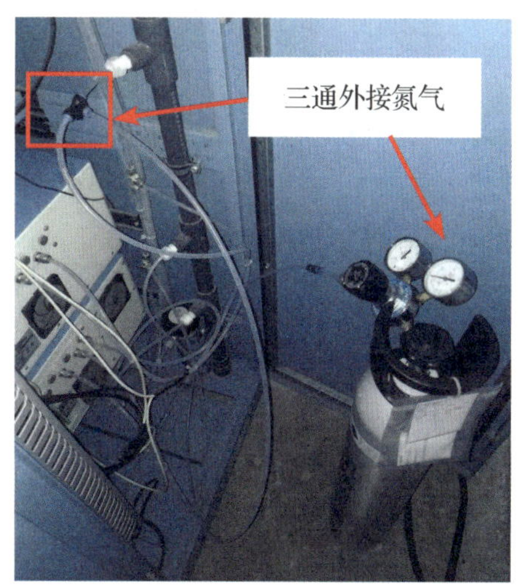

图 4-37　进样管路接三通被稀释示例图

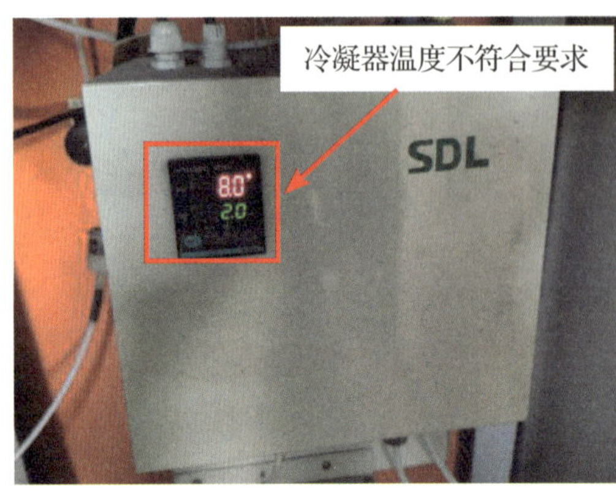

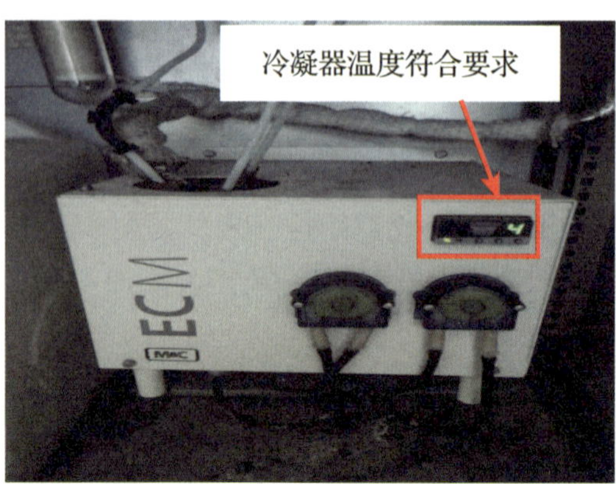

图 4-38　冷凝除湿设施示例图

3）核查方法

①现场查看管路接头是否有裂缝或老化现象，可用细纸条拂过管路，如有漏气则会吹动纸条，进行全流路通标气检查，氧量与主分析仪一起测量时，若含氧量数据不是 0，可能是管路漏气或氧分析仪故障引起的，需进一步检查；

②检查冷凝器设置温度和实际温度是否符合要求，冷凝水能否及时外排；

③分别从仪器进气口和伴热管仪器接口处通入标气，查看数据是否一致，如有较大差别，则分段检查管路损耗，如图 4-39 所示；

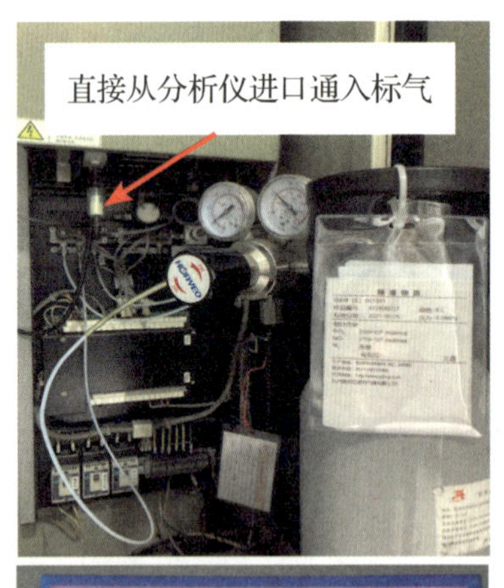

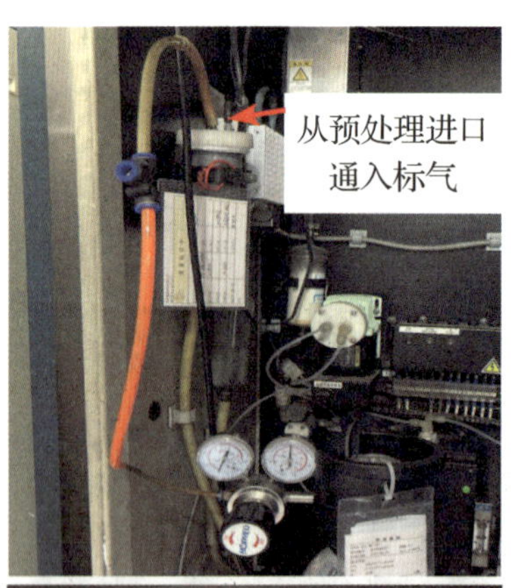

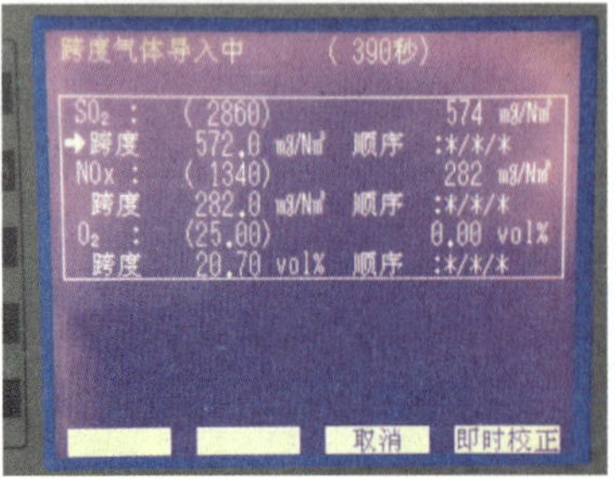

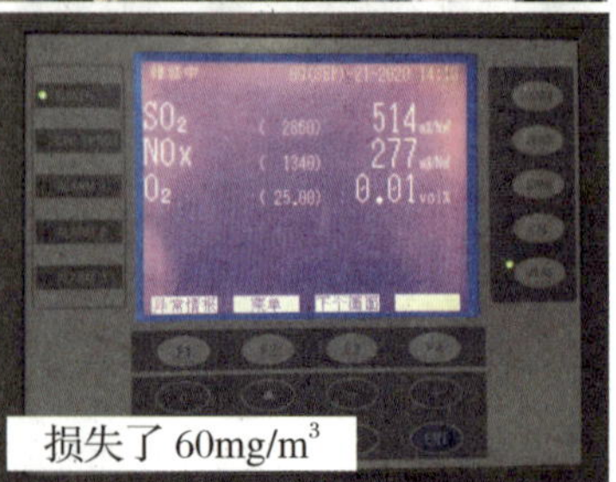

图 4-39　管路损耗检查示例图

④查看采样探头和仪器前预处理两处的滤芯是否变形、变色，表面粉尘是否过多，如图 4-40 所示；

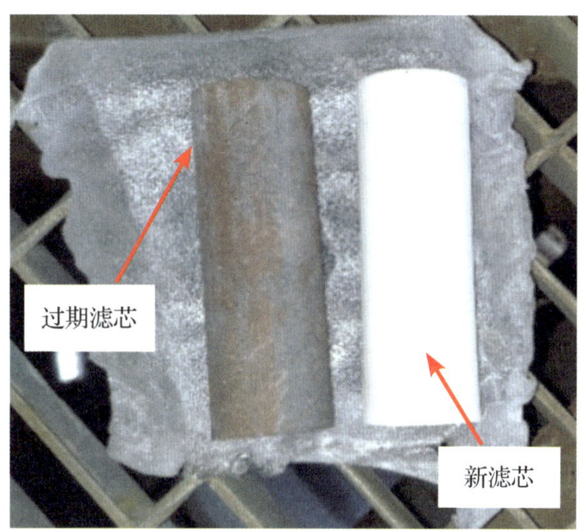

图 4-40　采样滤芯比较示例图

⑤从伴热管仪器接口处通入 NO_2 标气，检查转化炉转化效率，检查运维记录中催化剂更换记录；

⑥检查进样流量是否符合仪器说明书要求。

（3）气态污染物分析仪检查

1）规范及要求

①量程一般不低于排放标准限值的 2 倍；一年内 95% 以上的时均值数据低于排放标准限值 50% 的，量程可适当减小，但不得低于标准限值的 1.5 倍；一年内 95% 以上的时均值数据低于排放标准限值 20% 的，可选用具备量程自动切换功能的仪器，其中大量程不得低于排放标准限值的 2 倍；

②定期开展校准，结果符合 HJ 75—2019 表 4 和本书第 3 章表 3-4，如超出范围重新校正、调试，校正系数，并重新备案登记；

③仪器在维护或校准时，数据不得设置保持。

2）常见问题及影响分析

①仪器量程选择不合理，量程设置过低，实际浓度超过量程上限时，无法准确体现；量程设置过高，导致低浓度测量时数据不准确；

②违规设置或修改校正系数，导致监测数据失真，属于弄虚作假行为。

3）核查方法

①查阅企业污染物排放标准，查看仪器量程设置是否符合规范要求，如图 4-41 所示；查阅仪器历史数据，观察是否经常超出量程或满量程显示，若出现上述情形，查看是否需要进行人工监测；

因子	超标上限值
烟尘折算浓度	30
SO_2 折算浓度	100
NO_x 折算浓度	300
CO折算浓度	100
HCL折算浓度	60

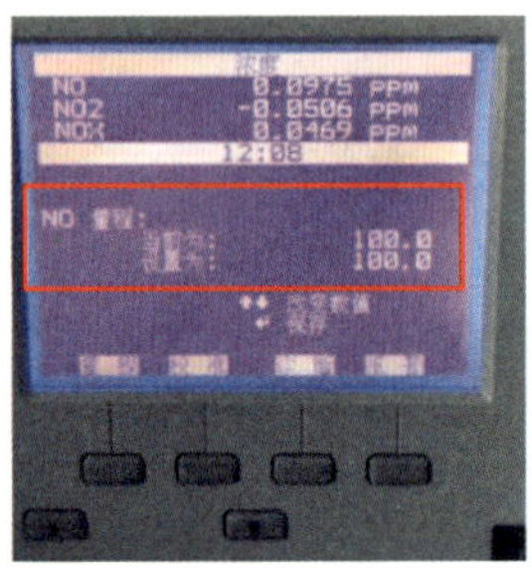

图 4-41　仪器量程设置错误示例图

②查看仪器运行日志，核对校正系数的设置以及修改时间，与备案信息是否一致，如图 4-42 所示；

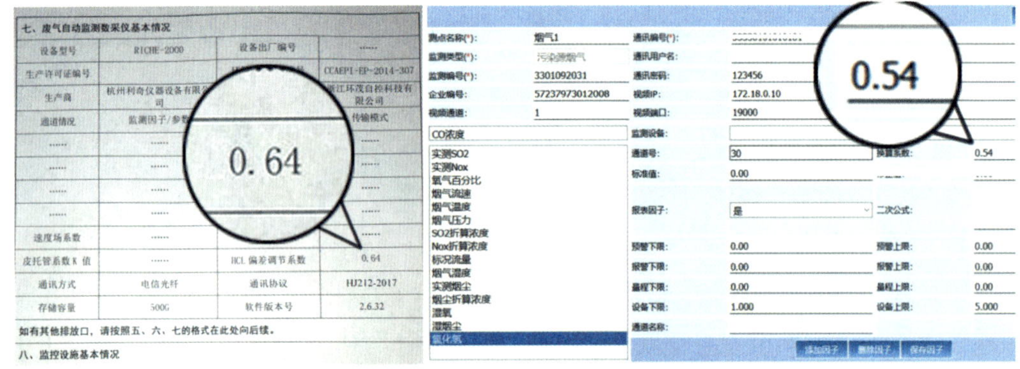

图 4-42　仪器校正系数设置错误示例图

③分别在联网和维护两种工作模式下对仪器通标气，检查误差是否符合规范要求，数据是否一致；

④开展实际样品比对校验，检查误差是否符合规范要求。

（4）颗粒物分析仪运行情况检查

1）规范及要求

①运行指标符合规范要求；

②具备自动校准功能的每 24h 至少校准一次仪器零点和量程，无自动校准功能的

每 15d 至少校准一次仪器的零点和量程。

2）常见问题及影响分析

①未按规范开展运维工作，长期未校准，导致数据误差超出允许范围；

②抽取式测量方法射流泵运行不正常，管路不畅，如图 4-43 所示，导致无法采集真实样品。

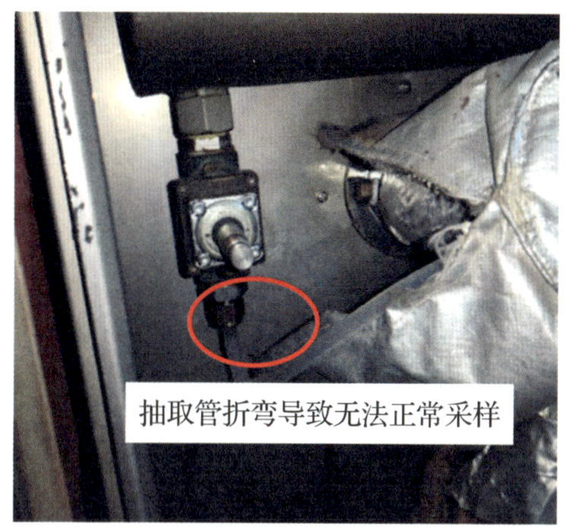

图 4-43　抽取式烟尘仪不正常运行示例图

3）核查方法

①使用专用工具，查看量程漂移情况；

②拔出探头，检查滤芯是否过期；利用专业工具观察探头内部是否有额外吹扫装置；通过对比同行业烟尘排放情况，查看数据是否符合实际情况；

③检查管路是否通畅，有无弯折。

（5）烟气氧量仪运行情况检查

1）规范及要求

①气体分析仪每 7d 至少校准一次仪器零点和量程；

②安装氧化锆法测量的，需转换为干烟气状态与主要污染物一体分析的则无须转换。

2）常见问题及影响分析

①长期未校准，导致数据误差超出允许范围；

②氧化锆法测量未转化为干烟气状态，导致氧量比实际偏小。

3）核查方法

①现场进行标准气体核查，误差应不超过标准气体标称值的 5%；

②现场进行实样比对，误差应不超过允许范围。

（6）烟气参数仪器运行情况检查

1）规范及要求

①流速、温度、湿度 CMS 准确度符合规范要求；

②流速每 30d 至少进行一次零点校准，采用干湿氧法测量湿度，按照氧量的规范实施。

2）常见问题及影响分析

①流速探头堵塞，或长期未校准，导致数据误差超出允许范围；

②采用干湿氧法测量湿度的，未按规范开展运维；

③温度、流速、湿度的准确度超出允许范围，导致数据计算错误。

3）核查方法

①现场拆下流速仪，观察探头是否堵塞；

②对温压流进行零点漂移测试，观察示值是否在误差允许范围内；

③进行比对，检查误差是否合格。

（7）标准气体检查

1）规范及要求

①仪器标准气体的不确定度不超过 ±2%，具有合格证书及编号，且在有效使用期内，如图 4-44 所示。

②实际使用的标准气体种类和浓度应符合 HJ 75—2019 中关于定期校准和示值误差测量工作的要求。

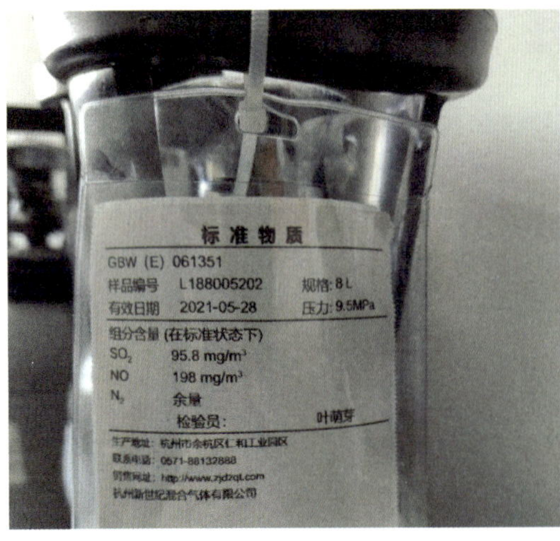

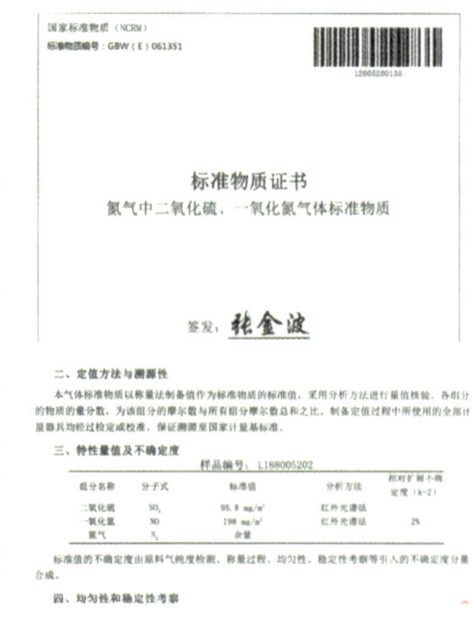

国家标准物质（NCRM）
标准物质编号：GBW（E）061351

标准物质证书
氮气中二氧化硫、一氧化氮气体标准物质

签发：张金波

二、定值方法与溯源性

本气体标准物质以称量法制备值作为标准物质的标准值，采用分析方法进行量值核验。各组分的物质的量分数，为该组分的摩尔数与所有组分摩尔数总和之比。制备定值过程中所使用的全部计量器具均经过检定或校准，保证溯源至国家计量基标准。

三、特性量值及不确定度

样品编号：L188005202

组分名称	分子式	标准值	分析方法	相对扩展不确定度（k=2）
二氧化硫	SO_2	95.8 mg/m³	红外光谱法	
一氧化氮	NO	198 mg/m³	红外光谱法	2%
氮气	N_2	余量		

标准值的不确定度由原料气纯度检测、称量过程、均匀性、稳定性考察等引入的不确定度分量合成。

四、均匀性和稳定性考察

图 4-44 标准气体示例图

2）常见问题及影响分析

①标准气体过期，不确定度不满足要求，不具备国家标准物质证书，导致数据无法量值溯源；

②浓度不符合标准要求，无法保障仪器日常运行的准确度；

③标准气体浓度与仪器设置浓度不一致，如仪器设置的自动标定量程为 100mg/L，但实际使用的标准气体量程为 200mg/L，则标定后所有数据等比例降低，属于弄虚作假行为。

3）核查方法

①检查标准气体是否在有效期内，是否具有证书，钢瓶是否在有效期内；

②检查标准气体浓度是否和仪器设置一致；

③用便携式烟气分析仪对标准气体的准确性进行检查，如图 4-45 所示。

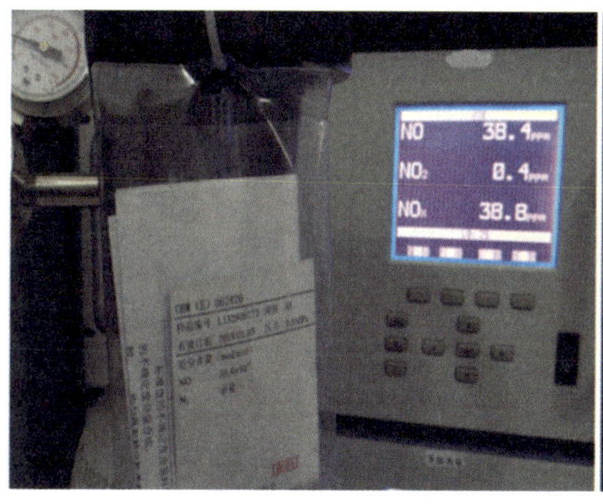

（a）用监控房的标气标定，显示一致

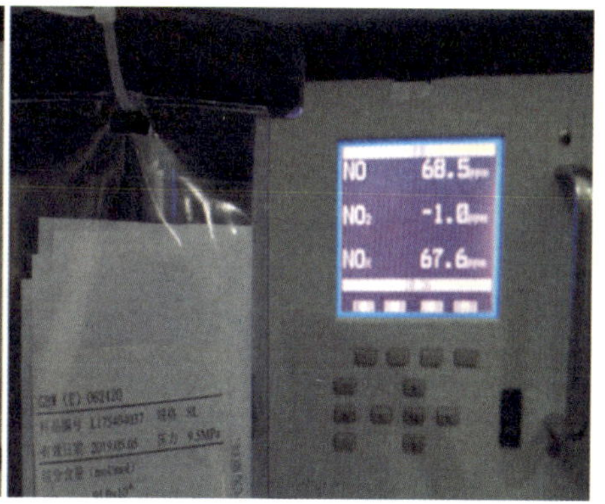

（b）用检查组自带标气标定，发现不一致

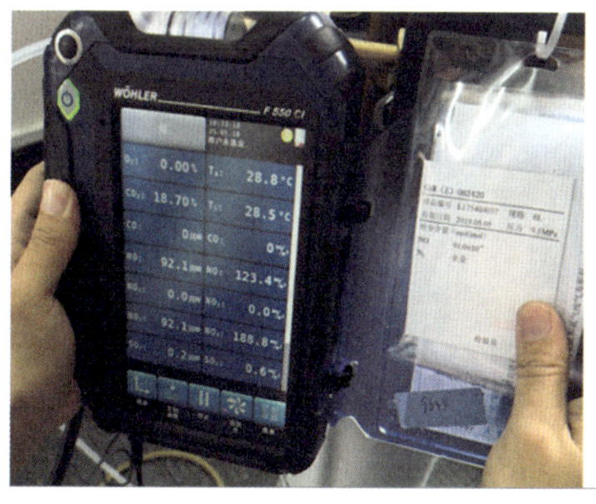

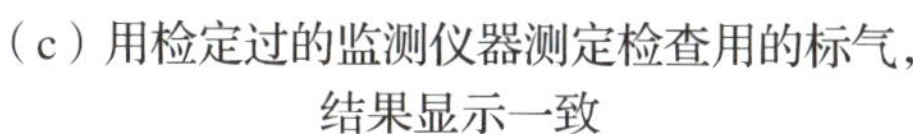

（c）用检定过的监测仪器测定检查用的标气，结果显示一致

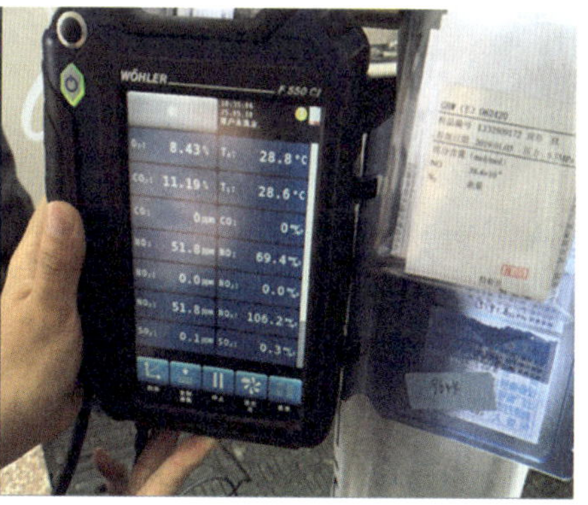

（d）测定监测站房内的标气，结果不一致，高浓度标气换成低浓度标签

图 4-45　将高浓度标准物质作为低浓度标准物质进行日常校准导致数据偏低示例图

4.3.3.3 运行档案和验收备案资料检查要点

（1）验收及备案资料检查

1）规范及要求

验收资料应当包括建设合同、施工方案、调试检测报告、验收检测报告、数据传输技术报告、其他监控设施合同完成情况对照表以及各设备的计量器具制造许可证、产品合格证、操作说明书等；备案信息表应按规定的统一格式填写完整并盖章。

2）常见问题

①验收资料不完整；

②备案内容错误，信息变更报备不及时。

3）核查方法

查阅资料，现场核对。

（2）运行档案检查

1）规范及要求

①按规范开展日常维护工作，运行记录（维护、易耗品更换、故障、质控校准、比对、危险废物处理等）现场至少保留 1 年，质控校准数据可在监控平台上查询；

②每季度实施一次比对校验，实样比对记录可在平台上查询；

③所有记录按类别成册，推荐使用电子化记录。

2）常见问题

①运行档案填写错误、频次不足、记录缺失，未按规范要求实施全过程校准；

②故障维修不及时；

③记录与实际不符，属于弄虚作假行为；

3）核查方法

①查阅运维档案，核对运维频次是否符合要求，质控校准浓度是否符合规范要求，故障维护是否及时，信息是否完整；

②查看故障维护信息是否和实际情况一致，质控校准数据是否与平台一致，如图 4-46 所示；

③比对数据是否具备量值溯源，是否符合计量认证要求。

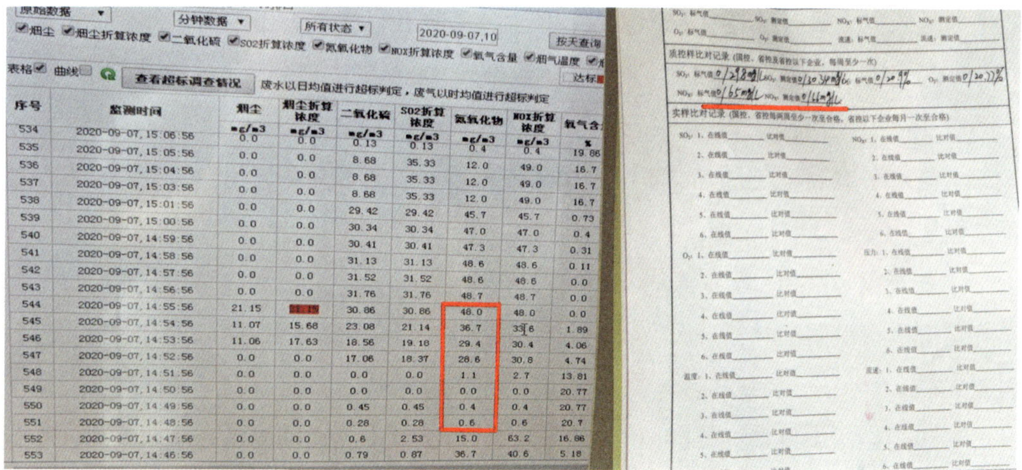

图 4-46　气态污染物校准记录与实际数据不一致示例图

4.3.4　数据采集和传输单元检查要点

4.3.4.1　数据采集单元检查要点

（1）污染因子配置检查

1）规范及要求

①各因子通道号设置与实际接入信号通道号一致；

②模拟量传输时，数据采集仪上的量程设置应与一次仪表量程一致。

2）常见问题及影响分析

①因子通道号设置错误，导致监测数据传输出错；

②数采仪上设置的量程与一次仪表上的量程不一致，将导致监测数据等比例增大或缩小，如图 4-47 所示；

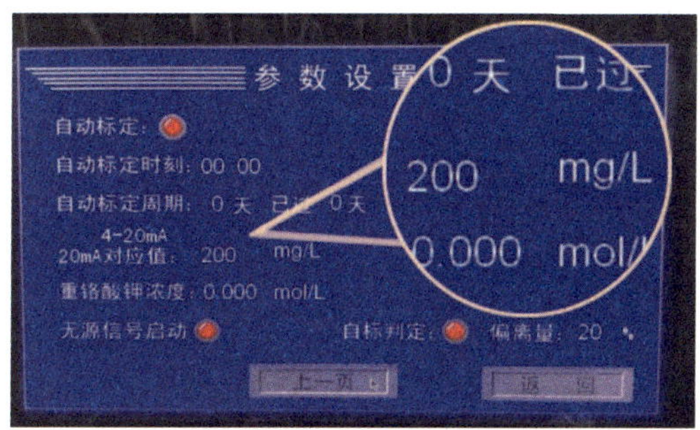

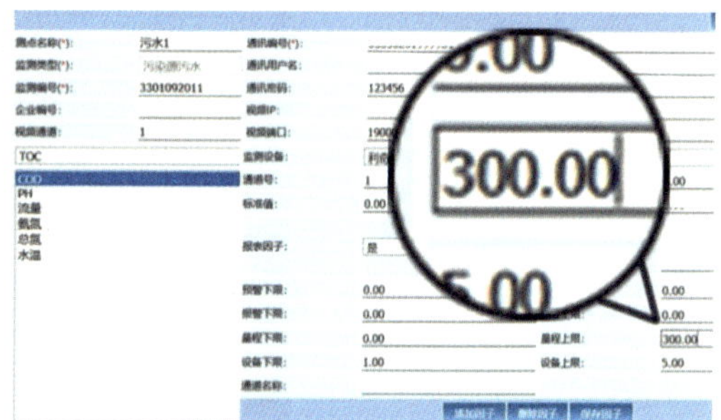

图 4-47　仪器与数采仪量程设置不一致示例图

③数采仪上设置量程上限和下限，使上传数据在设置的范围内变化，超过设定部分的数值无法正常显示和上传，导致监测数据失真。

3）核查方法

①核对备案登记信息，观察现场实际使用通道号是否和备案信息一致，仪器、数采量程是否和备案信息一致；

②查看数采仪和一次仪表的量程设置是否一致；

③查看多组同一时刻一次仪表、数采仪存储数据与监控平台接收的数据是否一致，误差应在 ±1% 内，特别关注一次仪表上的数据超标时段，三者是否一致；

④用超出污染排放标准限值的标准样品进行测试，测试结束后查看数采仪、平台上的数据是否与一次仪表一致；

⑤在线方法测试纯净水，观察仪表显示值，判断是否需设置下限。

（2）数据一致性检查

1）规范及要求

①数据传输误差在 ±1% 内；

②时间误差超过 1s。

2）常见问题及影响分析

①线路凌乱，无标识；

②线头接错，导致数据传输失败；

③传输线路上加装并联电阻，如图 4-48 所示，信号隔离器可调节信号输出，或者直接通过信号发生器模拟数据，导致数据不一致，属于弄虚作假行为；

图 4-48　偷装并联电阻示例图

④现场电磁信号干扰，导致数据传输一致性不符合要求；

⑤数采仪时间误差超过允许范围，导致数据计算错误。

3）核查方法

①查看同一时刻一次仪表、数采仪存储数据与监控平台接收的数据是否一致，误差应小于 ±1% 内；

②分别断开仪器输出端和数采仪接入端，查看数采仪数据变化情况；

③使用万用表测量一次仪表输出端电流和数采仪输入端电流是否一致；

④可使用信号发生器模拟一次仪表输出信号，观察极大值与极小值数采仪信号接收情况。

4.3.4.2　数据处理单元检查

（1）数采仪参数设置检查

1）规范及要求

①废水自动监控现场端数采仪的须设参数较少；

②废气自动监控现场端数采仪的须设参数较多，所有参数设置正确，并与备案信息登记表一致，其中烟气污染物摩尔浓度与质量体积比转换系数见表 4-2，常用大气污染物排放标准中的烟气基准氧含量 / 空气过剩系数见表 4-3；

③颗粒物修正系数、气态污染物偏差调节系数、速度场系数，与调试检测报告一致。

表 4-2　烟气污染因子摩尔浓度与质量体积比转换系数

污染因子	转换系数
SO_2	2.86
NO_x	2.05
CO	1.25
HCl	1.63
非甲烷总烃	0.54
系数计算方法	摩尔质量 /22.4

表 4-3 常用大气污染物排放标准基准含氧量汇总

类型		基准含氧量	过量空气系数	标准名称
电厂单台出力 65t/h 以上的锅炉	燃煤锅炉	6	1.4	《火电厂大气污染物排放标准》（GB 13223—2011）
	燃油燃气锅炉	3	1.17	
	燃气轮机组	15	3.5	
电厂单台出力 65t/h 以下的锅炉	燃煤锅炉	9	1.75	《锅炉大气污染物排放标准》（GB 13271—2014）
	燃油燃气锅炉	3.5	1.2	
水泥行业	水泥窑及窑磨一体机	10	1.9	《水泥工业大气污染物排放标准》（GB 4915—2013）
焚烧炉	医疗废物	11	2.1	《医疗废物焚烧炉技术要求（试行）》（GB 19218—2003）
	危险废物	11	2.1	《危险废物焚烧污染控制标准》（GB 18484—2020）
	生活垃圾	11	2.1	《生活垃圾焚烧污染控制标准》（GB 18485—2014）
工业炉窑	熔炼炉、冶炼炉		按实测浓度计	《工业炉窑大气污染物排放标准》（GB 9078—1996）
	冲天炉（冷风路，鼓风温度≤ 400℃		4（掺风系数）	
	冲天炉（冷风路，鼓风温度＞ 400℃		2.5（掺风系数）	
	其他工业炉窑		1.7	
制革	合成革与人造革工业		按实测浓度计	《合成革与人造革工业污染物排放标准》（GB 21902—2008）
铅锌工业	铅锌工业		1.7	《铅、锌工业污染物排放标准》（GB 25466—2010）
生物质发电单台出力 65t/h 以上	直接燃烧（按燃煤计）	6	1.4	《关于生物质发电项目废气排放执行标准问题的复函》（环函〔2011〕345 号）（GB 13223—2011、GB 13271—2011）
	气化发电锅炉（按其他气体燃料）	3	1.2	
	气化发电轮机组	15	3.5	
生物质发电单台出力＜ 65t/h	直接燃烧（按燃煤计）	9	1.75	
	气化发电锅炉（按其他气体燃料）	3.5	1.2	
炼铁工业	热风炉		按实测浓度计	《炼铁工业大气污染物排放标准》（GB 28663—2012）

续表

类型		基准含氧量	过量空气系数	标准名称
炼钢工业	石灰窑、白云石窑	8	1.62	《炼钢工业大气污染物排放标准》（GB 28664—2012）
	其他		按实测浓度计	
焦化工业	焦炉		按实测浓度计	《炼焦化学工业污染物排放标准》（GB 16171—2012）
陶瓷工业	废气含氧量＞17%	17	5.25	《陶瓷工业污染物排放标准》（GB 25464—2010）
	废气含氧量＜17%		按实测浓度计	
	电烧窑炉		按实测浓度计	

2）常见问题及影响分析

①烟道截面积、当地大气压力值、皮托管系数等设置错误，导致颗粒物浓度、流量数据不准；

②烟气颗粒物相关校准曲线的斜率和截距、流速速度场系数设置错误，导致颗粒物浓度、流量数据不准；

③摩尔浓度与质量体积比转换公式设置错误，导致气态污染物实测浓度不准确；

④基准含氧量（过量空气系数）设置错误，导致气态污染物折算浓度不准确。

3）核查方法

①核对备案信息登记表是否填写准确，查阅工程验收资料、CEMS 调试检测报告或测量烟道面积数值；

②以准确的备案信息为依据，仔细核对相关参数设置。

（2）数采仪公式设置检查

1）规范及要求

①废水、废气的均值、排放量的计算及单位符合监测技术规范要求；

②废气有关计算公式符合 HJ 75—2017 附录 C，主要计算公式为式（4-1）～式（4-4）；

③气态污染物仪器显示值一般已转化为标准状态值，无须再进行标准状态计算，部分测量方法的需转化为干基值；颗粒物多为工况值，需进行标准状态和干基值计算，氧量单独测量的，需进行干基值计算，具体参考各项监测仪器方法及说明书。

工况浓度转标准状态浓度计算公式：

$$C_{sn}=C_s\times\frac{101\ 325}{B_a+P_s}\times\frac{273+t_s}{273} \tag{4-1}$$

式中：C_{sn}——污染物标准状态下质量浓度，mg/m³；

C_s——污染物工况条件下质量浓度，mg/m³；

B_a——CEMS 安装地点的环境大气压值，Pa；

P_s——CEMS 测量的烟气静压值，Pa；

t_s——CEMS 测量的烟气温度，℃。

干基浓度计算公式：

$$C_d=\frac{C_w}{1-X_{sw}} \tag{4-2}$$

式中：C_d——污染物干基浓度，mg/m³（μmol/mol）；

C_w——污染物湿基浓度，mg/m³（μmol/mol）；

X_{sw}——烟气绝对湿度（又称水分含量）。

烟气折算浓度计算公式：

$$\overline{C}=\overline{C'}\times\frac{21-O_2}{21-X_{O_2}} \tag{4-3}$$

式中：$\overline{C}$——折算成基准含氧量时的颗粒物或气态污染物排放浓度，mg/m³；

$\overline{C'}$——标准状态干烟气状态下颗粒物或气态污染物排放浓度，mg/m³；

X_{O_2}——在测点实测的干基含氧量，%；

O_2——有关排放标准中规定的基准含氧量，%。

标准状态下干烟气流量计算公式：

$$Q_{sn}=Q_s\times\frac{273}{273+t_s}\times\frac{B_a+P_s}{101\ 325}\times(1-X_{sw}) \tag{4-4}$$

式中：Q_{sn}——标准状态下干烟气流量，m³/h；

B_a——CEMS 安装地点的环境大气压力值，Pa；

P_s——CEMS 测量的烟气静压值，Pa；

t_s——CEMS 测量的烟气温度，℃；

X_{sw}——烟气绝对湿度。

2）常见问题及影响分析

①颗粒物和含氧量的工况浓度（实测状态）与标况浓度（标准状态）未进行转换，或者转换公式与标准不符；

②均值和排放量计算公式与标准不符。

3）核查方法

①查看数采仪的公式设置是否与规范要求一致；

②提取数采仪原始数据，按照规范计算，查看结果是否与数采仪显示一致。

（3）数采仪软件检查

1）规范及要求

①至少具有管理员和操作员两类权限，具有日志管理功能；

②数据存储不少于 1 年，具有报表查询功能；

③符合 HJ 75—2017、HJ 76—2017、HJ 212—2017、HJ 355—2019、HJ 356—2019 和 HJ 477—2009 等技术规范要求。

2）常见问题及影响分析

①数采仪内置数据模拟软件，可自动生成数据，如图 4-49 所示；

②对数据采集仪软件进行特殊编辑，不接收仪器超标数据或超标数据不发送到监控平台，如图 4-50 所示；

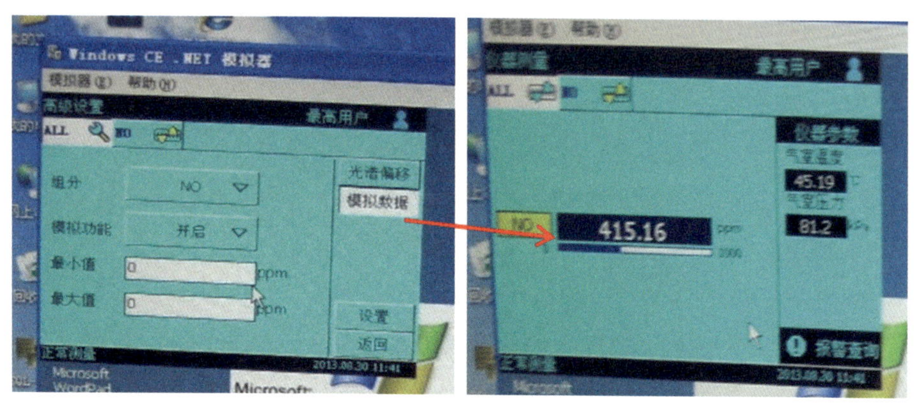

图 4-49　数采仪内置软件设置示例图

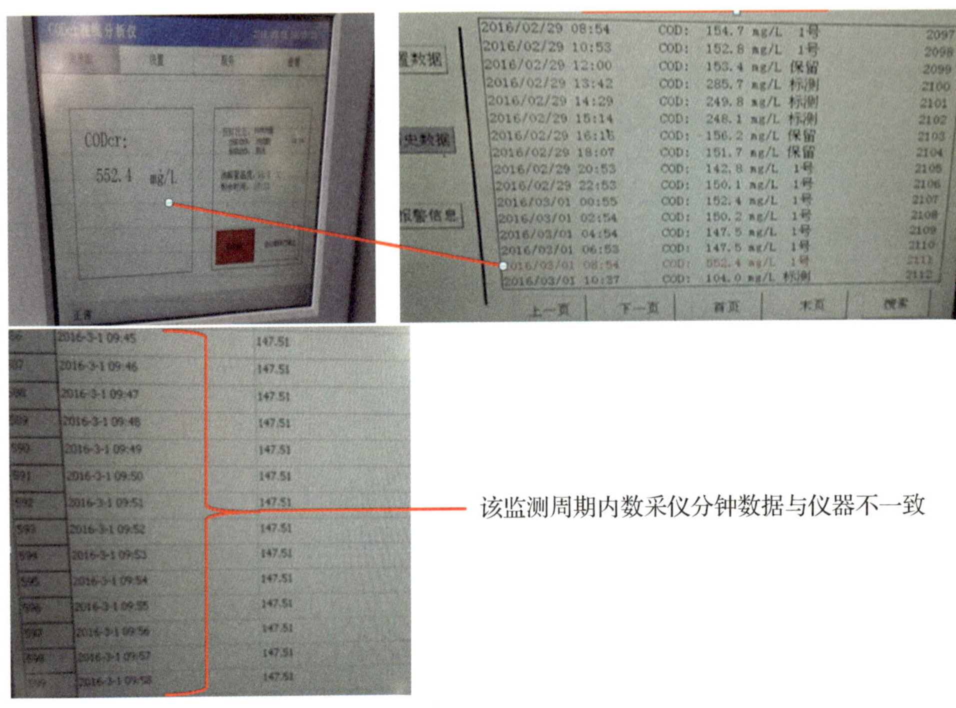

图 4-50　数采仪不采集超标数据示例图

③通过无线方式或者远程控制软件修改数据或仪器参数，属于弄虚作假行为。

3）核查方法

①调阅数采仪参数修改日志，查看是否有不符合规范要求的参数修改记录；

②查看一次仪表上数据超标时段与数采仪和监控平台上的数据是否一致；

③可采用浓度超出排放限值的标准样品进行测试，查看数采仪的数据是否与一次仪表一致；

④断开一次仪表与数采仪之间的信号线，观察数采仪是否显示正确数据；

⑤用手机扫描现场无线 wifi 信号，查看数采仪是否安装无线或蓝牙传输装置。

4.3.4.3　数据上传环节检查要点

（1）数据上传环节检查

1）规范及要求

①分析仪器存储的测定值、数据控制单元所采集并存储的数据和监控平台接收的数据，这 3 个环节的实时数据误差＜ 1%；

②数采仪上传信息符合 HJ 212—2017 规定；

③数采仪能接收上位平台远程控制命令并予以实现。

2）常见问题及影响分析

①数据上传报文、频次不符合规范要求；

②数采仪时间误差超过允许范围，导致上传数据不符合实际情况；

③数采仪无法实现平台反控命令。

3）核查方法

①检查数采仪数据和平台数据是否一致；

②通过平台给数采仪下达指令，观察数采仪能否完成；

③观察数采仪时间设置是否与平台相差过大。

4.3.5　监测站房规范性检查

4.3.5.1　监测站房及制度检查要点

（1）监测站房及配套设施检查

1）规范及要求

站房及配套设施按照本书第 2 章 2.2 ～ 2.3 进行建设，如图 4-51 所示。

图 4-51　自动监控站房示例图

2）常见问题及影响分析

①监测站房面积小、站房管线混乱无标识、卫生条件差，影响正常的维护工作；

②废水监控站房与标准排放口距离＞50m，导致采样管路遗留水样无法充分冲洗，样品不能真实反映实际排放情况，增加采样系统的故障率；

③站房未做到专用，内有与自动监控无关的其他办公设施；

④没有配置完善规范的接地装置、避雷措施、稳压电源和浪涌保护器，会大幅增加仪器损坏风险，没有配置给排水设施，没有配置灭火器，不符合消防管理要求。

3）核查方法

按照标准规范要求查看监测站房及配套设施是否符合要求。

（2）规范制度检查

1）规范及要求

制度上墙，美观大方，运维人员信息、联系方式、各在线监测仪工作原理、主要技术参数应在墙上显著位置显示。

2）常见问题

规则制度不全或未上墙。

3）核查方法

主要为现场查看。

4.3.5.2 视频和门禁监控系统要点

（1）检查门禁系统

1）规范及要求

能对站房的人员进出实施有效管理，时间状态有效记录。

2）常见问题

①未实施有效管理和记录，形同虚设；

②无法远程控制开门。

3）核查方法

现场查看，与监控中心人员联系，测试远程开门功能是否正常。

（2）检查视频监控系统

1）规范及要求

①在采样口、监控站房内和关键治污设施处安装视频摄像头，监控角度合理，画面清晰；

②存储至少 60d 以上；

③采样口视频信号叠加自动监控数据，如图 4-52 所示。

2）常见问题

①采样处摄像头未对准采样口，站房内摄像头未对准仪器运维区域，监控处代表性不足；

②视频监控视角被遮挡，或画面不清晰；

③采样口监控画面未实施数据叠加。

图 4-52　视频监控现场安装和数据叠加示例图

3）核查方法

监控平台定期巡检，现场查看。

4.4　运行维护机构检查要点

4.4.1　能力保障

（1）管理制度

检查运维公司制度建设是否健全，制度主要有：人员管理制度、运维实施方案和工作计划、运维档案管理制度或者电子化档案管理系统、耗材和备品库管理制度、现场运维制度（人员岗位责任、站房管理制度、日常维护操作规程、故障响应制度等）。

（2）人员

核查运维公司总运维站点数及一线专业运维技术人员数，查看持证上岗人数是否达到全省平均水平。

（3）车辆

查看运维公司所有运维车辆，是否与运维小组数对应。

（4）实验室

检查是否在常驻地区设置实验室，若未设置，是否与具备资质的环境检测社会化机构建立稳定的合作关系，查看相关合同、协议等。

若设有实验室，检查实验室是否具有运维相关的监测因子实验仪器、试剂的配备能力。

（5）备品备件库

根据运维公司各监测因子的总数以及相应自动监测仪器的数量，核对是否按要求配备备机；检查易耗品存量是否满足最低月用量的需求。

4.4.2 运维现场检查

选取若干个自动监控现场端，检查仪器准确性，校核运维档案的真实性。

4.4.2.1 备案登记信息

（1）验收档案

检查监控站点档案完整情况，是否有仪器合格证书和说明书、安装调试报告、验收比对监测报告、联网一致性报告和备案登记表。

（2）备案登记信息

核查备案信息登记表内容与监控站点实际是否一致，如信息表中的仪器设备型号是否与现场安装的仪器和仪器档案一致，信息表中的量程、速度场系数、烟道面积、通道号、试剂种类和浓度等是否与现场设置、使用一致且准确。

4.4.2.2 运维情况

（1）仪器准确性

用符合检查要求的标准物质对仪器准确性进行验证，结果符合技术规范要求。

（2）运维档案规范性

运维档案是否完整，巡检维护、质控校准、故障维修等各类别单独成册，采用纸质档案的应至少保留 1 年。

（3）真实性

1）质控比对一致性

抽查 1 年内质控校准和比对校验的记录，查看对应时间仪器、数采仪和维护记录数据是否一致。

2）标准物质记录

抽查 1 年内试剂、标准样品的配置记录并溯源。

3）备品备件记录

检查备品、备件的出入库记录和现场使用记录是否一致。

4.4.2.3　危险化学品管理制度

检查实验室浓硫酸、盐酸等危险化学品的存储使用、自动监控设施废液处理处置是否符合管理规定，核对出入库清单及库存量是否一致。

4.5　污染源自动监控系统和数据的共享应用

4.5.1　环境执法

自动监控系统应用于环境执法分为两个层级：一是自动监测仪器通过计量检定的，数据可用于直接执法；二是自动监测仪器未通过计量检定的或者不具备计量检定条件的，自动监测数据用于执法预警，发挥“哨兵”作用。

4.5.1.1　计量检定的条件

市场监管行政主管部门对水质监测仪器的检定规程较为完备，具备计量检定的条件。对烟气自动监测系统仅有 2016 年颁布的校准规程。此外，计量检定行政机构及其第三方检定（校准）机构需要加强相应能力的建设，以满足计量检定的工作需求。

4.5.1.2　不具备计量检定条件的

排污单位或者生态环境部门应当通过校准的形式，确保数据准确，但数据不具备直接执法的效力，可以通过人工监测的方式予以完善，或者参考《生活垃圾焚烧发电厂自动监测数据应用管理规定》出台行政规章，提出数据执法应用的规定。

4.5.1.3　通过计量检定

自动监测仪器在正常工作状态下出具的数据为合法数据，可以作为行政执法的依据。自动监测仪器在定期维护、质控和故障运行期间为非正常工作状态。废水自动监测数据根据相关排污许可证管理要求，以正常工作状态下的小时均值按流量加权计算的日均值判断是否超标；废气自动监测数据根据《浙江省大气污染防治条例》以及相关排污许可证管理要求，以正常工作状态下的小时均值判断是否超标。

4.5.1.4　未通过计量检定

该条件下，自动监测数据不具备法律效力，但属于自动监控设施不正常运行，应当及时固定证据，并按水污染防治法和大气污染防治法自动监控设施不正常运行的相关条款予以处罚。

4.5.2 环境保护税计算

根据《中华人民共和国环境保护税法》第十条、第十三条和《中华人民共和国环境保护税法实施条例》第十条的规定，需要按月获取主要污染物的排放量、气时均值和月均值、水日均值和月均值的超标情况，以及气、水月均值占标准限值的比值。

4.5.3 自行监测信息公开

《中华人民共和国环境保护法》第五十五条规定“重点排污单位应当如实向社会公开其主要污染物的名称、排放方式、排放浓度和总量、超标排放情况，以及防治污染设施的建设和运行情况，接受社会监督”，生态环境部要求各地通过“重点污染源监测数据管理系统”协助企业发布自行监测数据。自动监测作为自行监测的一种方式，所测数据属于企业自行监测数据。经企业同意，自动监测数据被自动推送至自行监测数据公开平台。

第5章

常见违法行为查处和案例分析

5.1　案件调查及现场检查须知

5.1.1　案件调查须知

在进行污染源自动监控设施案件调查时，要明确对象是否在当年的重点排污单位名录中。当涉及篡改、伪造监测数据时，重点排污单位与一般企业适用的罚则条款有所不同。各地的重点排污单位名录每年都会更新，由设区的市级以上地方人民政府生态环境主管部门按照有关规定来确定。

根据《污染源自动监控设施现场监督检查办法》第十五条，污染源自动监控设施的现场监督检查，按照下列程序进行：

①检查前准备工作，包括污染源自动监控设施登记备案情况、污染物排放及污染防治的有关情况、现场检查装备配备等；

②进行现场监督检查；

③认定运行正常的，结束现场监督检查；

④对涉嫌不正常运行、使用或者有弄虚作假等违法行为的，进行重点检查；

⑤经重点检查，认定有违法行为的，依法予以处罚；

⑥污染源自动监控设施现场监督检查结果，应当及时反馈被检查单位。

5.1.2　证据锁定方式

5.1.2.1　相关规定

根据《污染源自动监控设施现场监督检查办法》第十六条，执法人员进行污染源自动监控设施现场监督检查时，可以采取以下措施固定证据：

①以拍照、录音、录像、仪器标定或者拷贝文件、数据等方式保存现场检查资料；

②使用快速监测仪器采样监测。必要时，由环境监测机构进行监督性监测或者比对监测并出具监测结果；

③要求排污单位或者运营单位对污染源自动监控设施的硬件、软件进行技术测试；

④封存有关样品、试剂等物质，并交送有关部门或者机构检测。

5.1.2.2　实战建议

通过数据分析发现异常线索的，要结合异常时段的视频，查看该时段内是否有人为操作。视频中如果能清晰看到人为操作方式的，例如，在采样口冲水稀释排放或者插拔废气分析仪的进气管，异常时段的平台数据以及视频记录将作为确凿的立案证据。

视频中如果不能清晰看到人为操作方式的，例如，操作工在数据异常时段进站房对分析仪进行可疑操作，处于视频盲区导致视频证据无法充分说明情况的，要认真分析已掌握的数据和视频证据，必要时组织人员进行讨论分析或邀请公安人员进行共同讨论，分析证据是否充分，多方查证分析后仍不能确定的，建议组织现场突击检查。

现场突击检查要把握好时机，可以结合异常数据和视频，总结出对方违法操作的时间规律，在附近蹲点值守，同时要时刻关注实时平台数据和视频内容，一旦发现异常，快速进入企业控制住正在进行违法操作的人员，要注意现场全程开启执法记录仪，记录下对方的违法操作，并可以根据案情需求依法对分析仪或者站房进行查封、扣押，固定证据。

在组织对案件查处时，要制定严密的行动方案，将参与查案的环境执法人员按现场勘察取证组、谈话组、采样组、后勤保障组等进行分组，不仅要明确每个组的工作分工，还要明确每一个组员的具体工作，避免发生组织执法人员到企业现场后无从下手的情况。

通过现场检查发现线索的，要注意全程开启执法记录仪，并对关键环节进行细节录制，避免证据采集不足且事后补证困难的情况。现场要控制好当事人，避免其销毁证据。根据案情需要，可以对现场物品，包括分析仪、试剂、数采仪、路由器等依法进行查封、扣押，组织专业人员和专业工具进行测试，可以调阅平台数据及视频记录，对违法行为进行佐证。此外，要做细、做全现场勘查笔录，并让当事人签字确认，当事人拒不签字的，通过视频记录其拒不签字的过程。

5.1.3 询问技巧

现场证据采集完成后，建议直接将在场的企业相关人员或运维人员同时进行分组单独问询谈话，对不在场的相关人员通知其尽快接受询问谈话，要对谈话进行全过程视频记录。谈话时，防止串供，对不同的涉案人员同时间进行单独谈话，对谈话内容相互进行验证。注重采集涉案人员通信设备上的证据，如微信、QQ 通信记录、转账记录等，并及时固定与案件关联相关证据。此外，对于相关人员要应谈尽谈，如现场操作工、现场负责人、企业负责人、运维人员等，通过多方面了解案情事实。

谈话内容方面，一方面，要确认违法行为的起始时间、发生频次及造成的影响等客观事实；另一方面，要询问不同角色对违法行为以及导致的后果的知情程度、是否存在主观故意、被人唆使等情况，明确主使人及违法动机，避免出现工人为老板“顶包”的情况。

建议在企业现场检查前，全面开展案情分析，根据已掌握的证据、线索、涉案人员等情况，事先做好谈话预案，模拟制作谈话笔录，对谈话中可能出现的情况提前进行分析研判，必要时可联合公安人员共同查案。

5.1.4 移交文档清单

5.1.4.1 相关规定

根据《行政主管部门移送适用行政拘留环境违法案件暂行办法》第十一条，案件移送部门应当向公安机关移送下列案卷材料：

①移送材料清单；

②案件移送书；

③案件调查报告；

④涉案证据材料；

⑤涉案物品清单；

⑥行政执法部门的处罚决定等相关材料；

⑦其他有关涉案材料等。

案件移送部门向公安机关移送的案卷材料应当为原件，移送前应当将案卷材料复印备查。案件移送部门对移送材料的真实性、合法性负责。

5.1.4.2 实战建议

涉案证据材料包含现场勘查笔录、谈话询问笔录、现场照片视频材料、平台数据资料、视频监控资料、监测报告、运维记录台账、重点排污单位名录等。

行政执法部门的决定书材料包含行政处罚决定书、责令改正违法行为决定书、查封扣押决定书（含查封扣押清单）等。

其他有关涉案材料包含营业执照复印件、当事人身份证复印件、执法人员执法证复印件等。

刑事移送案卷材料参考上述行政拘留移送案卷材料，刑事移送案件同时还应抄送检察院。此外，生态环境主管部门原则上不对刑事案件做行政处罚。

5.2 未按规定建设污染源自动监控系统并联网

5.2.1 查处要点

涉及“未按规定建设污染源自动监控系统并联网”时，要明确建设污染源自动监控系统并联网的时间期限。当重点排污单位名录更新并将某单位纳入时，或者由于其他规定的要求（如环评要求、行业要求），该单位需要建设污染源自动监控系统并联网，生态环境主管部门应及时告知该单位相关要求，并明确污染源自动监控系统建设并联网的时间期限。在进行案件调查时，该单位是否在规定时间内完成染源自动监控系统建设并联网，是重要的立案依据。

5.2.2 未按规定建设污染源自动监控系统

5.2.2.1 典型案例

2018 年 6 月 30 日，杭州市环境监察支队执法人员对杭州萧山某重点排污单位开展了现场检查。该单位主要从事垃圾焚烧发电。现场检查时，1 号炉正常运行，2 号炉停炉，3 号炉试运行。执法人员检查发现该单位 3 号炉试运行时，烟气在线监控设备未安装到位，经调查核实该单位在烟气在线监控设备尚未安装到位的情况下，于 6 月 29 日进行 3 点炉试运行。

5.2.2.2 违反的法律条款及处罚依据

该公司上述行为属于重点排污单位未安装大气污染物排放自动监测设备，违反了《中华人民共和国大气污染防治法》第二十四条第一款的规定：“企业事业单位和其他生产经营者应当按照国家有关规定和监测规范，对其排放的工业废气和本法第七十八条规定名录中所列有毒有害大气污染物进行监测，并保存原始监测记录。其中，重点排污单位应当安装、使用大气污染物排放自动监测设备，与环境保护主管部门的监控设备联网，保证监测设备正常运行并依法公开排放信息。监测的具体办法和重点排污单位的条件由国务院环境保护主管部门规定”。依据《中华人民共和国大气污染防治法》第一百条第一款第三项对其进行处罚。

5.2.3 未按规定对污染源自动监控系统联网

5.2.3.1 典型案例

2015 年 5 月 12 日，鄞州区环境监察大队执法人员对宁波鄞州某造纸公司进行在线监控系统运行情况现场检查，该公司主要从事特种用纸制造加工生产，检查时正在生产。企业有废水产生，安装水污染源自动在线监控设施一套，环保部门前后共进行了 3 次现场检查，并在第一次检查时就下发了限期改正决定书，之后该公司在线监测设施仍无法正常实现自动监测，也未与环保部门联网。

2015 年 5 月 16 日对该公司企业现场负责人进行了询问调查，查明企业的在线监控数采仪发生故障，数据无法上传，但企业以企业即将关停为由，未及时主动修复在线监控设施，企业仍在生产，但废水在线监测无法正常运行和联网。

5.2.3.2　违反的法律条款及处罚依据

该公司放任在线监控仪器故障而不及时修复，在执法人员多次警告督促后仍不修复，致使在线监控仪器无法正常运行和联网，废水排放数据无法上传到监控平台，违反了《中华人民共和国水污染防治法（2008 年修订稿）》第二十三条第一款的规定“实行排污许可管理的企业事业单位和其他生产经营者应当按照国家有关规定和监测规范，对所排放的水污染物自行监测，并保存原始监测记录。重点排污单位还应当安装水污染物排放自动监测设备，与环境保护主管部门的监控设备联网，并保证监测设备正常运行。具体办法由国务院环境保护主管部门规定”。依据《中华人民共和国水污染防治法（2008 年修订稿）》第八十二条第一款第二项对其进行处罚。

5.3　污染源自动监控设施不正常运行

5.3.1　常见类型及相关法律条款

5.3.1.1　常见类型

根据《污染源自动监控设施现场监督检查办法》第十九条，常见的污染源自动监控设施不正常运行主要有以下几种情况：

①未经环境保护主管部门同意，部分或者全部停运污染源自动监控设施的；

②污染源自动监控设施发生故障不能正常运行，不按照规定报告又不及时检修恢复正常运行的；

③不按照技术规范操作，导致污染源自动监控数据明显失真的；

④不按照技术规范操作，导致传输的污染源自动监控数据明显不一致的；

⑤不按照技术规范操作，导致排污单位生产工况、污染治理设施运行与自动监控数据相关性异常的；

⑥其他人为原因造成的污染源自动监控设施不正常运行的情况。

5.3.1.2 涉水法律条款及处罚依据

《中华人民共和国水污染防治法》第二十三条，实行排污许可管理的企业事业单位和其他生产经营者应当按照国家有关规定和监测规范，对所排放的水污染物自行监测，并保存原始监测记录。重点排污单位还应当安装水污染物排放自动监测设备，与环境保护主管部门的监控设备联网，并保证监测设备正常运行。具体办法由国务院环境保护主管部门规定。

《中华人民共和国水污染防治法》第八十二条，违反本法规定，有下列行为之一的，由县级以上人民政府环境保护主管部门责令限期改正，处 2 万元以上 20 万元以下的罚款；逾期不改正的，责令停产整治：（二）未按照规定安装水污染物排放自动监测设备，未按照规定与环境保护主管部门的监控设备联网，或者未保证监测设备正常运行的。

5.3.1.3 涉气法律条款及处罚依据

《中华人民共和国大气污染防治法》第二十四条，企业事业单位和其他生产经营者应当按照国家有关规定和监测规范，对其排放的工业废气和本法第七十八条规定名录中所列有毒有害大气污染物进行监测，并保存原始监测记录。其中，重点排污单位应当安装、使用大气污染物排放自动监测设备，与环境保护主管部门的监控设备联网，保证监测设备正常运行并依法公开排放信息。监测的具体办法和重点排污单位的条件由国务院环境保护主管部门规定。

《中华人民共和国大气污染防治法》第一百条，违反本法规定，有下列行为之一的，由县级以上人民政府环境保护主管部门责令改正，处 2 万元以上 20 万元以下的罚款；拒不改正的，责令停产整治：（三）未按照规定安装、使用大气污染物排放自动监测设备或者未按照规定与环境保护主管部门的监控设备联网，并保证监测设备正常运行的。

5.3.2 污染源自动监控设施擅自停运

5.3.2.1 法定要求

根据《污染源自动监控设施现场监督检查办法》第八条第一款，污染源自动监控设施确需拆除或者停运的，排污单位或者运营单位应当事先向有管辖权的监督检查机构报告，经有管辖权的监督检查机构同意后方可实施。有管辖权的监督检查机构接到报告后，可以组织现场核实，并在接到报告后 5 个工作日内作出决定；逾期不作出决定的，视为同意。

5.3.2.2　查处要点

设施停运检查的要点在于排污单位或者运营单位是否事先向有管辖权的监督检查机构报告并经核实有效，通过查询平台上的监测数据可以初步判断设施停运开始的时间（设施停运导致数据缺失），结合排污单位或者运营单位申报停运的时间，可以判断出该单位是否擅自实施停运。

5.3.2.3　典型案例

2017 年 3 月 3 日，临安区环保局环境执法人员对杭州某自动监控运维公司负责运维的某造纸厂废水自动监控系统进行现场检查发现，化学需氧量主分析仪自动采样关闭、化学需氧量测试仪试剂过期、pH 计探头处于封闭罩内，造成废水在线自动监控系统处于不正常的运行状态。当事人在未经环保部门同意的情况下将其负责运维的造纸厂的废水自动监控系统设备擅自关闭，不正常运行污染物排放自动监控设备。

当事人在未经环保部门同意的情况下擅自停运废水自动监控系统设备的行为，违反了《中华人民共和国水污染防治法（2008 年修订稿）》第二十三条第一款的规定，根据《中华人民共和国水污染防治法（2008 年修订稿）》第八十二条第一款第二项的规定对其进行处罚。

5.3.3　污染源自动监控设施故障

5.3.3.1　法定要求

根据《污染源自动监控设施现场监督检查办法》第八条第二款，污染源自动监控设施发生故障不能正常使用的，排污单位应当在发生故障后 12h 内向有管辖权的监督检查机构报告，并及时检修，保证在 5 个工作日内恢复正常运行。停运期间，排污单位应当采用手工监测等方式，对污染物排放状况进行监测，并报送监测数据。

5.3.3.2　查处要点

在排除人为干扰的情况下，设施故障具有临时性和突发性，立案的依据在于是否及时上报和及时检修并恢复正常，对于上报的资料应当留档保存并核实设施故障的真实性，以作为案件调查的证据资料。

设施故障较常见的表现特征为数据异常，包括数据恒定、数据明显偏高或偏低、数据波动明显等，不符合该企业日常的数据规律。通过分析历史监测数据可以初步锁定设施故障开始的时间以及持续时长，同时结合现场检查情况，可以分析出设施故障的具体环节，如采样预处理环节、仪器分析环节、数据处理传输环节等。在上述基础上，分析判断设施故障是否存在人为干扰因素，如果由于人为干扰造成设施故障以至监测数据失真，应当按照篡改、伪造监测数据进行查处。

5.3.3.3 典型案例

2019年10月，北京市生态环境局对市重点排污单位——北京某公司进行现场检查，发现2019年9月9日0时—9月24日8时，因污染源自动监控设施故障，导致出水化学需氧量、氨氮和pH数值恒定，该单位未按要求于发生故障后12h内向有管辖权的监督检查机构报告，也未及时检修并保证在5个工作日内恢复正常运行。

该公司上述行为违反了《中华人民共和国水污染防治法》第二十三条第一款的规定，根据《中华人民共和国水污染防治法》第八十二条第一款第二项的规定对其进行处罚。

5.3.4 污染源自动监控数据失真

5.3.4.1 查处要点

在排除人为干扰的情况下，企业若未按规定开展质控校验、比对监测等运行维护工作，易导致污染源自动监控数据失真。执法人员对企业进行比对监测检查时，应当对检查过程拍照或录像记录，并制作现场勘查笔录，一旦比对结果不合格，现场取证的资料将作为立案证据。实际操作中，由于比对监测不合格的情况较少，一些执法人员容易遗漏现场勘察的环节，待比对监测报告显示不合格之后，再去补做检查当日的现场勘察，这种情况属于执法程序不规范，补做的现场勘察不具有法律效力，无法对企业的违法行为进行查处。做比对监测检查时，可以同时检查企业的运维台账，查看企业是否按规定开展运行维护工作。

5.3.4.2 典型案例

2016年11月6日，达州市生态环境局执法人员对达州某公司进行了突击检查，达州市环境监测站对该公司烟气在线监控设备进行了比对监测，监测结果显示该公司2号硫磺制酸尾气吸收塔排放口流速、氧量比对不合格。

该公司上述行为违反了《中华人民共和国大气污染防治法》第二十四条的规定，根据《中华人民共和国大气污染防治法》第一百条第一款第三项的规定对其进行处罚。

5.3.5　传输数据明显不一致

5.3.5.1　查处要点

现场可以检查分析仪和数采仪模拟信号量程设置是否一致，并且仔细核对仪器、数采仪和平台同一时刻的数据是否满足误差要求。

5.3.5.2　典型案例

2018 年 9 月 27 日，襄阳市生态环境局对湖北某公司进行调查，发现该公司实施了以下环境违法行为：该公司于 2015 年 12 月安装废水在线监控设施，污染因子有流量、COD_{Cr}、pH、NH_3-N，2017 年 9 月新增一套在线监控设施包含流量、pH、六价铬，均已与环保部门联网但是没有验收，未按照规定进行在线监控设施的每季度比对监测，导致无法保证上传数据的真实性和有效性。2018 年 5 月 11 日现场检查发现六价铬在线监测设备从当年 2 月开始就一直无数据，2018 年 9 月 27 日现场检查发现六价铬在线监测设备现场端数据与网上平台数据不一致。

该公司上述行为违反了《中华人民共和国水污染防治法》第二十三条第一款的规定，根据《中华人民共和国水污染防治法》第八十二条第一款第二项的规定对其进行处罚。

5.3.6　生产工况、污染治理设施运行与自动监控数据相关性异常

5.3.6.1　查处要点

常见的情况有企业生产工况、工艺或污染治理设施及运行情况发生变化，致使实际排放的污染物浓度发生明显变化，自动监控设施数据未及时响应或变化趋势不符合逻辑；启停运记录与企业实际生产工况不符等。

现场检查时，可以对企业生产设施运行情况、污染治理设施运行台账、设施专用电表和水表情况等方面进行检查，综合分析自动监控设施数据变化的合理性；检查企业自动监控设施的启停运记录与实际生产情况是否对应。

5.3.6.2　典型案例

2018 年 1 月 23 日，诸暨市环境保护局信息监控中心通过在线监控水量曲线图发现，位于诸暨市陶朱街道的 A 公司的排水情况异常，成心电图式的波动。执法人员初步判定该公司存在干扰自动监控运行的重大嫌疑。

2018 年 1 月 24 日，执法人员赴 A 公司进行现场检查。在污水处理设施排放口、外排池现场采样，结合在线监控随机采样进行水污染物排放情况的对比分析，并且对现场具体的污水处理负责人、操作工和化验员进行了调查询问。通过调查发现 A 公司委托第三方 B 公司处理其生产过程中产生的污水，而 B 公司利用在线监控设施的采样间隔规律，采取临时排空污泥、降低排水量等方式不正常使用污染物处理设施，规避环保监管，形成自动监测采样时段内排放“达标”，实际超标排放 COD_{Cr} 等污染物，导致自动监控数据与污染治理设施运行相关性异常。

根据《中华人民共和国水污染防治法》第八十三条第三项的规定对该公司进行处罚。

5.4 篡改监测数据弄虚作假

5.4.1 常见类型及相关法律条款

5.4.1.1 常见类型

根据《环境监测数据弄虚作假行为判定及处理办法》第四条，篡改监测数据，系指利用某种职务或者工作上的便利条件，故意干预环境监测活动的正常开展，导致监测数据失真的行为。针对污染源在线监控，包括以下情形：

①未经批准部门同意，擅自停运、变更、增减环境监测点位或者故意改变环境监测点位属性的；

②采取人工遮挡、堵塞和喷淋等方式，干扰采样口或周围局部环境的；

③稀释排放或者旁路排放，或者将部分或全部污染物不经规范的排污口排放，逃避自动监控设施监控的；

④破坏、损毁监测设备站房、通信线路、信息采集传输设备、视频设备、电力设备、空调、风机、采样泵、采样管线、监控仪器或仪表以及其他监测监控或辅助设施的；

⑤故意更换、隐匿、遗弃监测样品或者通过稀释、吸附、吸收、过滤、改变样品保存条件等方式改变监测样品性质的；

⑥故意漏检关键项目或者无正当理由故意改动关键项目的监测方法的；

⑦故意改动、干扰仪器设备的环境条件或运行状态或者删除、修改、增加、干扰监测设备中存储、处理、传输的数据和应用程序，或者人为使用试剂、标样干扰仪器的；

⑧未向环境保护主管部门备案，自动监测设备暗藏可通过特殊代码、组合按键、远程登录、遥控、模拟等方式进入不公开的操作界面对自动监测设备的参数和监测数

据进行秘密修改的；

⑨故意不真实记录或者选择性记录原始数据的；

⑩篡改、销毁原始记录，或者不按规范传输原始数据的；

⑪擅自修改数据的；

⑫其他涉嫌篡改监测数据的情形。

5.4.1.2　涉水法律条款及非重点排污单位处罚依据

《中华人民共和国水污染防治法》第三十九条，禁止利用渗井、渗坑、裂隙、溶洞，私设暗管，篡改、伪造监测数据，或者不正常运行水污染防治设施等逃避监管的方式排放水污染物。

《中华人民共和国水污染防治法》第八十三条，违反本法规定，有下列行为之一的，由县级以上人民政府环境保护主管部门责令改正或者责令限制生产、停产整治，并处十万元以上一百万元以下的罚款；情节严重的，报经有批准权的人民政府批准，责令停业、关闭；（三）利用渗井、渗坑、裂隙、溶洞，私设暗管，篡改、伪造监测数据，或者不正常运行水污染防治设施等逃避监管的方式排放水污染物的。

5.4.1.3　涉气法律条款及非重点排污单位处罚依据

《中华人民共和国大气污染防治法》第二十条第二款，禁止通过偷排、篡改或者伪造监测数据、以逃避现场检查为目的的临时停产、非紧急情况下开启应急排放通道、不正常运行大气污染防治设施等逃避监管的方式排放大气污染物。

《中华人民共和国大气污染防治法》第九十九条，违反本法规定，有下列行为之一的，由县级以上人民政府环境保护主管部门责令改正或者限制生产、停产整治，并处十万元以上一百万元以下的罚款；情节严重的，报经有批准权的人民政府批准，责令停业、关闭；（三）通过逃避监管的方式排放大气污染物的。

5.4.1.4　环境违法案件行政拘留移送依据

《行政主管部门移送适用行政拘留环境违法案件暂行办法》第六条、《环境保护法》第六十三条第三项规定的通过篡改、伪造监测数据等逃避监管的方式违法排放污染物，是指篡改、伪造用于监控、监测污染物排放的手工及自动监测仪器设备的监测数据，包括以下情形：

①违反国家规定，对污染源监控系统进行删除、修改、增加、干扰，或者对污染源监控系统中存储、处理、传输的数据和应用程序进行删除、修改、增加，造成污染源监控系统不能正常运行的；

②破坏、损毁监控仪器站房、通信线路、信息采集传输设备、视频设备、电力设备、空调、风机、采样泵及其他监控设施的，以及破坏、损毁监控设施采样管线，破坏、损毁监控仪器、仪表的；

③稀释排放的污染物故意干扰监测数据的；

④其他致使监测、监控设施不能正常运行的情形。

5.4.1.5 涉嫌环境犯罪案件移送依据

最高人民法院、最高人民检察院《关于办理环境污染刑事案件适用法律若干问题的解释》（法释〔2016〕29 号）第一条，实施刑法第三百三十八条规定的行为，具有下列情形之一的，应当认定为“严重污染环境”：（七）重点排污单位篡改、伪造自动监测数据或者干扰自动监测设施，排放化学需氧量、氨氮、SO_2、NO_x 等污染物的。

最高人民法院、最高人民检察院《关于办理环境污染刑事案件适用法律若干问题的解释》（法释〔2016〕29 号）第十条，违反国家规定，针对环境质量监测系统实施下列行为，或者强令、指使、授意他人实施下列行为的，应当依照刑法第二百八十六条的规定，以破坏计算机信息系统罪论处：（一）修改参数或者监测数据的；（二）干扰采样，致使监测数据严重失真的；（三）其他破坏环境质量监测系统的行为。

重点排污单位篡改、伪造自动监测数据或者干扰自动监测设施，排放化学需氧量、氨氮、SO_2、NO_x 等污染物，同时构成污染环境罪和破坏计算机信息系统罪的，依照处罚较重的规定定罪处罚。

从事环境监测设施维护、运营的人员实施或者参与实施篡改、伪造自动监测数据、干扰自动监测设施、破坏环境质量监测系统等行为的，应当从重处罚。

5.4.2 采样预处理环节

5.4.2.1 擅自停运、变更、增减环境监测点位或故意改变环境监测点位属性

（1）查处要点

常见情况有擅自停运自动监控设施、启停时间与实际情况不符、擅自变更监测点位等。执法检查可以从核对备案信息与实际情况是否相符、将启停等特殊时间列为检查重点时段、视频监控检查等方面入手。

（2）典型案例

2020 年以来，嘉兴市生态环境保护综合行政执法队在自动监控数据日常巡检中，频繁发现嘉善某污水处理厂存在氨氮、总氮自动监控数据延续现象。经调取站房视频

监控，发现该污水处理厂个别员工频繁出入自动监控站房或通过窗户对氨氮、总氮自动分析仪进行人为操作。经调查，该污水处理厂为避免在生态环境部、省生态环境厅污染源自动监控管理平台上出现超标数据，厂长、副厂长授意当班操作人员在废水自动监控数据即将超标时，采取停止分析仪运行的方式，使分析仪无法正常采样、分析，导致数据缺失、延续，从而篡改监测数据。

上述行为违反了《中华人民共和国水污染防治法》第三十九条，根据《最高人民法院最高人民检察院关于办理环境污染刑事案件适用法律若干问题的解释》第一条第七项，将案件移交公安部门立案处理。

5.4.2.2　采取人工遮挡、堵塞和喷淋等方式，干扰采样口或周围局部环境

（1）查处要点

常见情况有废气采样探头与废水采样泵或流量计安装位置不规范、采样设备故意不固定使其可在大范围内移动、人为堵塞采样探头，人为改变废气监测采样皮托管口与气流的方向、折弯废气采样管线造成进气量变小甚至无法采样、接管路喷淋等。

对于废气监控点，现场检查采样探头的安装位置，并要求企业提供监控设备验收报告，对照验收报告中的点位照片和位置，检查采样探头长度和插入深度是否符合规定。如发现数据异常，如浓度突然降低、氧量增大、疑似超标数据丢失等情况，可以要求企业提供数据突然变化时段生产工况、燃料变化、废气治理设施运行情况、运行维护保养等记录，核查采样头是否被拔出或者固定装置是否有松动痕迹。此外，还可以打开仪器保护盖检查管路是否存在问题。

对于废水监控点，现场检查废水采样泵或流量计的安装位置，并要求企业提供监控设备验收报告，对照验收报告中的点位照片和位置，检查采样泵和流量计位置是否符合规定。如发现数据异常，现场检查管线设置是否符合相关规范，核查采样头是否被挪动，是否存在随意移动的隐患。

（2）典型案例

2017 年 4 月 11 日，诸暨市环境保护局会同诸暨市公安局联合突击检查了浙江某某建材有限公司。执法人员对在线监控采样平台进行检查时发现，采样管附近有电焊切割的痕迹。于是执法人员要求重新打开切割过的地方，发现了有软管连接着一个存放石灰的装置。该装置还有一根输出管通过气泵打出重新回到自动监控系统的采样管内。执法人员初步判定该公司存在干扰在线监控自动采样的违法犯罪重大嫌疑。

通过进一步对该企业废气处理装置运维的主要人员的调查和现场勘查基本可以确

定，该企业采取在线监控自动采样管上套装软管使排放废气经过石灰中和处理后再回到在线监控自动采样口排放，干扰在线监控自动采样监测的排放数据。使得自动监控系统显示 SO_2 等大气污染物排放浓度小于实际排放浓度。

上述行为违反了《中华人民共和国大气污染防治法》第二十条第二款，根据《最高人民法院最高人民检察院关于办理环境污染刑事案件适用法律若干问题的解释》第一条第七项，将案件移交公安部门立案处理。

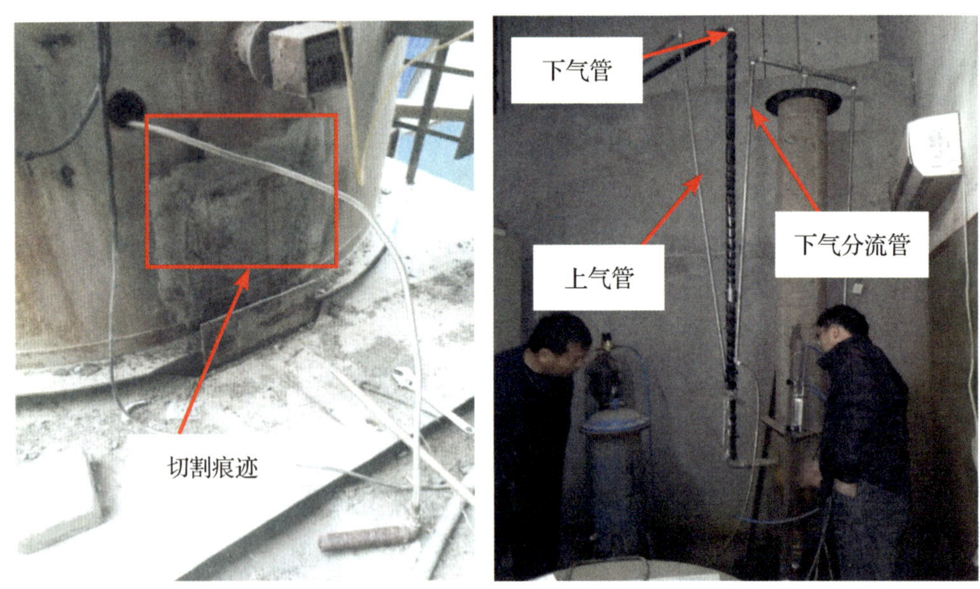

图 5-1 自动监控采样平台上有切割痕迹，采样管上套装软管实例图

5.4.2.3 稀释排放或者旁路排放，或者将部分或全部污染物不经规范的排污口排放

（1）查处要点

废气方面，常见情况有超低改造时新建了烟囱，未拆除的原烟囱作为旁路偷排；有混合烟道，烟气参数测定仪器在烟囱上，气态污染物采样在单个支路烟道上；在负压烟道管线上，人为干扰烟道密闭性，为空气稀释创造条件，特别是在采样仪器法兰位置等。现场检查时仔细查看烟道，包括排气走向和旁路挡板开度等，可要求验证数据和旁路挡板开度的关联变化，也可以通过平台分析昼夜数据变化规律，验证在线数据是否合理。

废水方面，常见情况有将自来水排入标准排放口前段的废水管道中，达到稀释排放的目的；或者将废水通过旁路排放，同时将自来水排入标准排放口供自动采样等。现场检查时可以仔细检查废水排放管路，重点检查从最后一道废水处理设施到标准排放口之间的管路，查看是否存在异常三通、其他管线等情况。

（2）典型案例

浙江某汽车内饰股份有限公司属温州市重点排污单位，已按要求安装污染源自动监控设备，主要设备有：COD_{Cr} 自动监测仪器、氨氮在线自动监测仪器、超声波明渠流量计、pH 工业酸度计、等比例水质自动采样器。

2019 年 10 月 17 日，温州市生态环境局瑞安分局执法人员到该公司进行污染源自动监控检查时发现，9 月 27 日凌晨 4∶00 ～ 6∶00 时，该公司 COD_{Cr} 自动监测数据在数采仪上有异常波动情况，执法人员立即对该公司 COD_{Cr} 自动监测仪监测数据进行了调阅，发现当天凌晨 3∶56 的 COD_{Cr} 数据为 229.4mg/L，超过排放标准，而 4∶55 监测数据已显示为 196.6mg/L，明显不符合 COD_{Cr} 自动监测仪采样监测规律。

执法人员立即调取该公司污水排放口以及监控室的录像，在污水排放口的录像中发现，2019 年 9 月 27 日 3∶58，排放口有软管，软管内有水冲入排放口的在线监测采样区内，录像内有 2 名该公司的工作人员，9 月 27 日 5∶27，该公司的工作人员将软管收起，视频内全程均有软管内的水在排放进在线监测采样区内；在监控室的录像中发现，9 月 27 日 4∶54，有 2 名工作人员进入监控室，4∶55，其中 1 名工作人员对 COD_{Cr} 自动监测仪进行手工操作。

随后执法人员对污水处理站 3 名工作人员进行询问，并制作了现场勘察笔录，掌握了违法行为发生的整个过程：2019 年 9 月 27 日凌晨 3∶00 多，该公司废水处理设施中的高效溶气气浮装置发生故障，值班人员在无法维修设备的情况下，为使自动监测数据达标，于凌晨 3∶58 直接从该公司食堂将软管拉到排放口用自来水对在线监测采样区进行冲刷，5∶21 将软管收起；期间，4∶55 时，其中一名工作人员对 COD_{Cr} 自动监测仪进行手工操作。

该公司对排放口排放的污水用自来水进行稀释后改为手动模式重新进行采样分析的行为，违反了《中华人民共和国水污染防治法》第三十九条规定，根据《最高人民法院最高人民检察院关于办理环境污染刑事案件适用法律若干问题的解释》第一条第七项，将案件移交公安部门立案处理。

图 5-2 通过软管稀释排放实例图

5.4.2.4 破坏、损毁风机、采样泵、采样管线、监控仪器或仪表以及其他监测监控或辅助设施的

常见的情况有废气采样管上打孔、损坏伴热管、损坏烟尘仪或流速计的反吹设备、损坏废水流量计、损坏废水采样泵、损坏其他辅助设施等。现场检查时，可以用至少两种浓度的标气进行全流路验证，观察仪器示值是否正常，如发现测量浓度比样气浓度低或氧含量偏高，则全过程检查采样管路，看是否存在人为破坏采样管等情况。此外，可以仔细分析平台数据是否异常、检查伴热管温度是否正常等。企业往往以故障未及时报备和修复为由，不承认造假，现场检查要做好全过程记录以及证据固定，以便判断企业是否存在主动造假行为。

5.4.3 仪器分析环节

5.4.3.1 故意更换、隐匿、遗弃监测样品或者通过稀释、吸附、吸收、过滤、改变样品保存条件等方式改变监测样品性质

（1）查处要点

废气方面，常见的情况有采样口未密封、人为改变废气监测采样皮托管口与气流的方向、对采样管路加装过滤吸收或配气稀释等装置、在主分析仪的预处理环节接入管线或者断开采样管抽取空气、人为关闭废气采样探头加热装置或关闭（调低）采样管线全程伴热、人为设置采样管有 U 形弯曲等。

现场检查时，可以对照采样点设置技术要求和验收文件，检查皮托管设置是否符合规定。对照 CEMS 设备说明书，沿着采样管路检查是否有人工配气、三通、过滤等装置对样气进行稀释，并查看有无针头、细管、断口等遗留痕迹，必要时采用内窥镜等设备查看烟囱内部有无安装其他配气设备。用手感知探头和伴热管温度，并检查温度设定参数是否合规，从探头到分析仪检查有无 U 形弯曲，重点检查管线进入站房前后隐蔽的部分。进行全过程标定（突击检查以及验证使用）、从预处理进口开始在线校准不切换状态、开展比对监测等。

废水方面，常见的情况有电极表头放置于隔离废水的容器、采样管路人为加装中间水槽注入其他水样替代实际水样、断开废水监测设备内部的采样管插入盛装自来水或者低浓度废水的容器、增加过滤吸附环节等。

现场检查时，可以从采样口开始，沿着采样管路查看是否存在旁路或中间水槽等违规设置，检查监测设备内部的管路连接是否正常。检查采样泵或者采样管口有无人为增加过滤装置的情况，现场是否存在采样管放入桶或瓶等固定水样中的造假条件。此外，可以通过查看历史数据判断监测数据是否偏离正常规律。

（2）典型案例

2020 年 3 月 24 日，瑞安市生态环境保护综合行政执法队执法人员在对全市污染源视频监控进行日常巡检时，发现瑞安市某印染园区集中供热单位（重点排污单位），有工人多次进入废气自动监控站房对自动监测仪器进行操作。结合自动监测数据分析，执法人员初步判定该公司存在篡改 NO_x 自动监测数据的违法犯罪重大嫌疑。

经过半个多月的摸查，2020 年 4 月 10 日，温州市生态环境局瑞安分局启动环保、公安联合办案机制，现场控制正在实施违法操作的工人郭某，同时控制另一工人白某以及该公司分管负责的项目经理孙某。经现场询问调查，查明因该公司脱硝设施老化和管理不善，导致废气 NO_x 无法稳定达标排放，为逃避监管，孙某纵容郭某、白某等人，通过拔插自动监测仪器背后的采样管，抽取空气做样，造成 NO_x 自动监测时均值达标排放的假象，2020 年 3 月 24 日—4 月 9 日，手动干扰自动监测仪器多达百余次。

上述行为违反了《中华人民共和国大气污染防治法》第二十条第二款的相关规定，根据《最高人民法院最高人民检察院关于办理环境污染刑事案件适用法律若干问题的解释》第一条第七项，将案件移送公安部门依法立案查处。

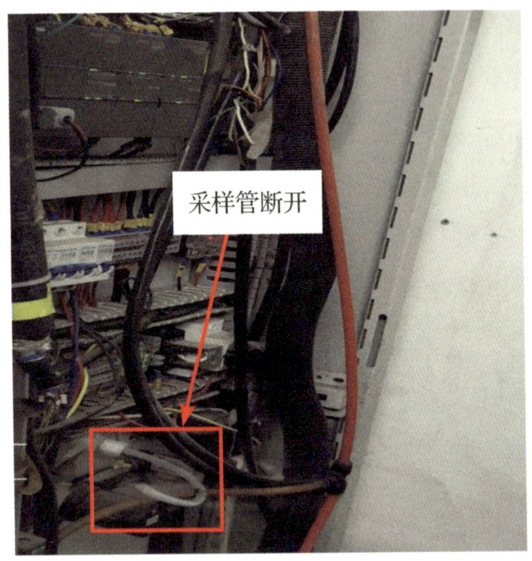

图 5-3 采样管路连接实例图

5.4.3.2 故意漏检关键项目或者无正当理由故意改动关键项目的监测方法

常见情况有不监测部分废水或废气指标，如 COD、NO_2、湿度等，或者更换仪器不及时报备等。执法检查时，企业是否存在主观故意较难界定。日常检查可以督促企业依规范完善自动监控系统建设，以及加强备案登记管理。

5.4.3.3 故意改动、干扰仪器设备的环境条件或运行状态，或者人为使用试剂、标样干扰仪器

（1）查处要点

常见情况有仪器设不合理的上限、修改斜率和截距、修改仪器转换系数、修改样品反应条件（如仪器消解单元消解温度与消解时间的设置等）、人为设置可调电阻反控篡改监控数据、随时切换不同分析仪、分析仪嵌入造假软件自动生成数据上传、人为将高浓度标准物质标定为低浓度数值、过度校准、调整进气量、试剂弄虚作假等。

现场检查可参照以下判定方法：

①检查站房内部是否有多余分析仪；

②通过查阅门禁系统的历史记录，核查是否有企业人员私自进入站房；

③检查分析仪固定螺丝等，查看是否有更换痕迹；

④参考设备电路图纸，查看是否存在可疑线路；

⑤对仪器仪表进行反控，重点检查位置在数采仪和分析仪之间；

⑥采取突击检查的方式，断开分析仪采样管路，查看分析仪数据是否变化；

⑦用标准物质（高、中、低浓度）检定设备数据是否真实；

⑧检查仪器量程及参数设置是否与备案信息一致；

⑨检查试剂瓶内有无试剂；试剂管是否插入液面下；试剂是否超过使用期限；实际使用的试剂种类、浓度与登记备案是否相符。必要时可将试剂带回，由有资质的部门进行鉴定。

（2）典型案例

2018 年 12 月，海宁市环境保护局与海宁市公安局依据线索，对重点排污单位海宁市某公司开展联合执法检查，发现该企业 COD 自动监控仪器修正参数被篡改为“－30”（正常应该为“0”）。现场质控样（COD 为 100mg/L）测试结果为 75.7mg/L，超出误差范围。经调查核实，该企业污水是委托第三方公司（浙江某环境科技有限公司）进行处理的，第三方公司员工徐某某、朱某、尹牟牟 3 人为防止自动监控数据超标，多次篡改 COD 自动监控仪器修正参数，以逃避环保部门监管。

上述第三方公司篡改 COD 自动监控仪器修正参数的行为，违反了《中华人民共和国水污染防治法》第三十九条，根据《最高人民法院最高人民检察院关于办理环境污染刑事案件适用法律若干问题的解释》第一条第七项，将案件移交公安部门立案处理。

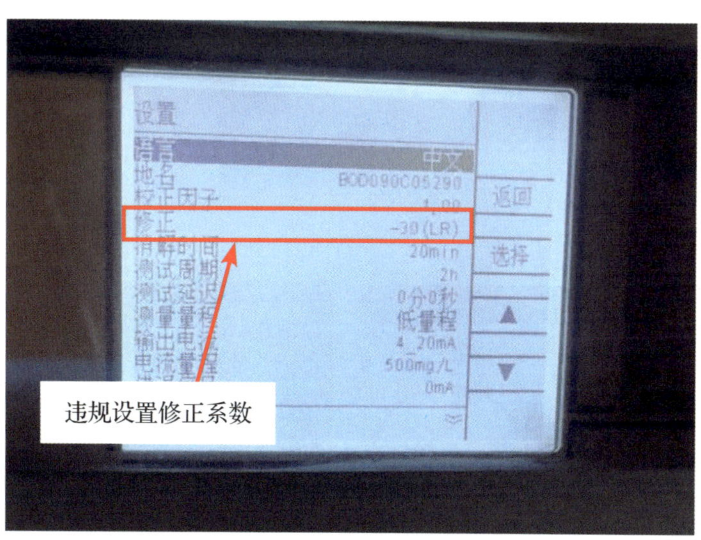

图 5-4　污水自动监控设备修正参数被篡改实例图

5.4.3.4 未向环境保护主管部门备案，自动监测设备暗藏可通过特殊代码、组合按键、远程登录、遥控、模拟等方式进入不公开的操作界面对自动监测设备的参数和监测数据进行秘密修改

（1）查处要点

常见情况有仪器配置无线传输功能、具备通过网线传输数据功能，或者内置数据造假模块。日常管理一方面规范数据传输，可以打开数采仪设备管理器界面查看是否有无线网卡等远程无线联网设备；另一方面仔细检查仪器的设置界面，查看是否有数据造假模块。突击检查时可以首先断网，用手机扫描可疑无线信号。

（2）典型案例

安徽省环境监察局联合滁州市、定远县生态环境监察部门，对滁州某公司自动监控运行管理情况进行执法检查时，发现该公司安装的自动监控设备内置有可以伪造自动监测数据模块，涉嫌伪造自动监测数据。

现场检查发现，该公司在烟气自动监测仪器的参数设置模块下选择监测数据“0左右波动”，模拟生成 0 ～ 1mg/m^3 的 SO_2、NO_x 等自动监测数据，并上传生态环境部门，对企业的执法监测结果显示 SO_2 实际排放浓度分别为 850mg/m^3、747mg/m^3、805mg/m^3；NO_x 实际排放浓度分别为 283mg/m^3、274mg/m^3、256mg/m^3，与上传数据明显不符。同时该企业还违规将停炉氧量判定下限设为 15%（标准为 19%）。

根据案情描述，上述行为应当认定为违反了《中华人民共和国大气污染防治法》第二十条第二款的相关规定，根据《最高人民法院最高人民检察院关于办理环境污染刑事案件适用法律若干问题的解释》第一条第七项，将案件移送公安部门依法立案查处。

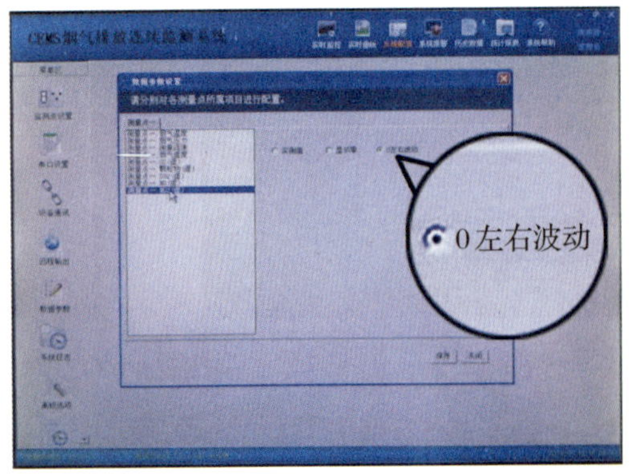

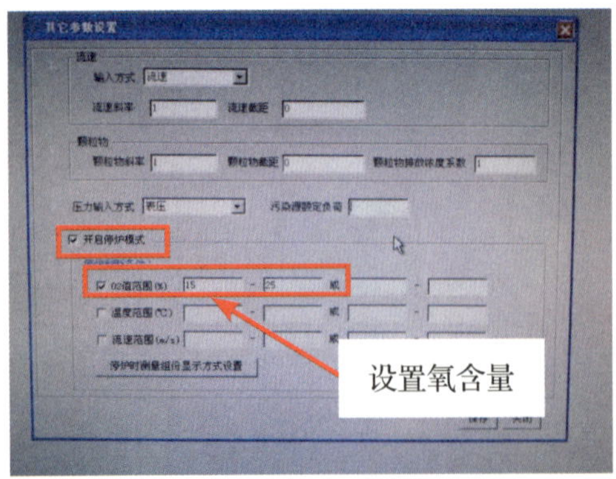

图 5-5 烟气模拟生成数据和故意设置错误的停炉判定下限实例图

5.4.4　数据处理传输环节弄虚作假

5.4.4.1　删除、修改、增加、干扰监测设备中存储、处理、传输的数据和应用程序

（1）查处要点

常见情况有修改计算参数和计算公式、数据传输线路上加装信号控制装置、修改分析仪和数采仪量程及数据传输的上下限、嵌入造假模块对数据修改后进行上传等。

现场检查可参照以下判定方法：

①现场查看分析仪、数采仪量程是否一致；

②查看分析仪和数采仪数据是否一致，如果采用数字信号传输，二者应完全匹配，如果采用模拟信号传输，误差应符合相关规定；

③对照备案资料等，现场查看参数设置的一致性；

④断开分析仪与数采仪连接的数据传输线，查看数采仪有无自动生成数据上传的情况；

⑤查阅历史数据观察数据是否总在某一浓度范围内变化，是否存在高限或低限；

⑥检查电流输入和输出设置是否存在问题。

（2）典型案例

2019 年 3 月 15 日，深圳市生态环境局执法人员协同环境保护监测站工作人员对某公司废水处理站在线监测系统进行检查，发现该系统对 COD 在线监测仪设置的传输上限为 165mg/L，小于该公司持有的排污许可证中规定的排放浓度限值（COD=260mg/L），从而导致传输至深圳市环境监测中心站监控平台的数值也存在误差。执法人员对该在线监测系统的实际运营管理维护单位进行了核查，也对该公司建设项目的环评类别及项目地址进行了查阅比对，认定该在线监测系统的运营维护管理单位为 B 公司，该公司的建设项目属于编制报告表的项目且该项目地址属于环境敏感区范围。

B 公司作为自动监控设施的管理运营单位，弄虚作假，隐瞒、伪造、篡改自动监控数据的行为，违反了《广东省环境保护条例》第二十六条第二款的规定："自动监控设施的管理运营单位应当保障自动监控设施的正常运行，保证自动监控数据的真实、可靠和有效，不得弄虚作假，隐瞒、伪造、篡改自动监控数据，并按规定保存原始监控记录。自动监控数据经环境保护主管部门审查确认真实有效的，作为环境保护监督管理的依据"。根据《最高人民法院最高人民检察院关于办理环境污染刑事案件适用

法律若干问题的解释》第十条第一款第一项的规定，将案件移交公安部门立案处理。

5.4.4.2 故意不真实记录或者选择性记录原始数据的

（1）查处要点

不真实记录原始数据，常见情况有手动或者通过内置模块对原始数据进行修改；选择性记录原始数据，常见情况有通过内置模块自动筛选达标数据进行记录和上传。检查时可以对分析仪通不同浓度的标样，包含超标浓度标样，比较仪器分析结果以及传输的数据，判断是否存在不真实记录或者选择性记录原始数据的情况。

（2）典型案例

2017 年 3 月 23 日，宁波市环境监察支队执法人员现场检查发现宁波杭州湾新区某电镀公司（非重点排污单位）电镀废水排放口在线监控系统的化学需氧量、氨氮分析仪上的历史数据与数采仪上的历史数据有不一致现象（化学需氧量和氨氮数据均存在该情况），即分析仪采样分析数据超标时，同一时段工控机数据是达标的。执法人员当场查阅了分析仪上近 1 年的历史数据，基本确定企业有擅自修改数据的嫌疑。对此案件后续开展调查，发现企业的 5 名操作工为了使自动监测数据不超标，在分析仪数据出来后在化学需氧量和氨氮分析仪上直接修改数据，把高浓度修改为低浓度，确保时均值不超标，其中超标化学需氧量数据共修改了 15 次，超标氨氮共修改了 60 次。

该公司违反了《中华人民共和国水污染防治法（2008 年修订版）》第二十七条的规定，依据《污染源自动监控设施现场监督检查办法》第二十条第（四）项、《中华人民共和国水污染防治法（2008 年修订版）》第七十条，宁波市环境保护局责令其立即改正擅自篡改自动监测数据的行为，并处以罚款 10 万元整（甬环罚字〔2017〕17 号）。同时，该企业违反了《中华人民共和国环境保护法》第六十三条第（三）项和《行政主管部门移送适用行政拘留环境违法案件暂行办法》第六条第（一）项的规定，公安机关对 5 名操作修改人员作出行政拘留 10 天决定。

5.4.4.3 篡改、销毁原始记录，或者不按规范传输原始数据

（1）查处要点

常见情况有篡改原始监测记录、故意修改数采仪时间和篡改运维记录等。检查时可以分析分钟值数据，同时核对运维记录和数采仪数据。还可以选择运维记录的时间，调出同时段的视频监控进行对比，查看是否真实开展运维工作。

（2）典型案例

1）案例 1

2018 年，执法人员对河南省某热电有限公司检查时发现，该公司 1 个月内分钟数据缺失 1 228 条，执法人员调阅分钟数据后发现线索，最终确认该公司通过无线鼠标控制自动检测系统计算机，通过更改计算机时间的方式，让超标数据“消失”，将不超标的数据统计、上传至环保部门。

根据案情描述，上述行为应当认定为违反了《中华人民共和国大气污染防治法》第二十条第二款的相关规定，根据《最高人民法院最高人民检察院关于办理环境污染刑事案件适用法律若干问题的解释》第一条第七项，将案件移送公安部门依法立案查处。

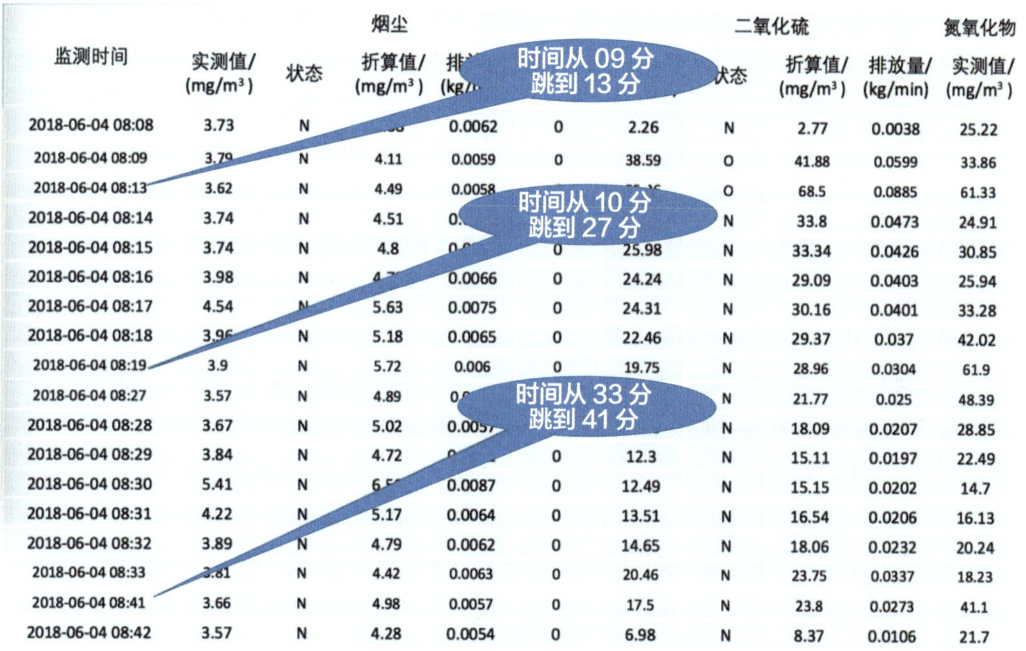

监测时间	烟尘					二氧化硫				氮氧化物
	实测值/(mg/m³)	状态	折算值/(mg/m³)	排[illegible]/(kg/[illegible])	[illegible]	[illegible]	状态	折算值/(mg/m³)	排放量/(kg/min)	实测值/(mg/m³)
2018-06-04 08:08	3.73	N	[illegible]	0.0062	0	2.26	N	2.77	0.0038	25.22
2018-06-04 08:09	3.79	N	4.11	0.0059	0	38.59	O	41.88	0.0599	33.86
2018-06-04 08:13	3.62	N	4.49	0.0058	[illegible]	[illegible]	O	68.5	0.0885	61.33
2018-06-04 08:14	3.74	N	4.51	[illegible]	[illegible]	[illegible]	N	33.8	0.0473	24.91
2018-06-04 08:15	3.74	N	4.8	[illegible]	0	25.98	N	33.34	0.0426	30.85
2018-06-04 08:16	3.98	N	[illegible]	0.0066	0	24.24	N	29.09	0.0403	25.94
2018-06-04 08:17	4.54	N	5.63	0.0075	0	24.31	N	30.16	0.0401	33.28
2018-06-04 08:18	3.96	N	5.18	0.0065	0	22.46	N	29.37	0.037	42.02
2018-06-04 08:19	3.9	N	5.72	0.006	0	19.75	N	28.96	0.0304	61.9
2018-06-04 08:27	3.57	N	4.89	[illegible]	[illegible]	[illegible]	N	21.77	0.025	48.39
2018-06-04 08:28	3.67	N	5.02	[illegible]	[illegible]	[illegible]	N	18.09	0.0207	28.85
2018-06-04 08:29	3.84	N	4.72	[illegible]	0	12.3	N	15.11	0.0197	22.49
2018-06-04 08:30	5.41	N	[illegible]	0.0087	0	12.49	N	15.15	0.0202	14.7
2018-06-04 08:31	4.22	N	5.17	0.0064	0	13.51	N	16.54	0.0206	16.13
2018-06-04 08:32	3.89	N	4.79	0.0062	0	14.65	N	18.06	0.0232	20.24
2018-06-04 08:33	3.81	N	4.42	0.0063	0	20.46	N	23.75	0.0337	18.23
2018-06-04 08:41	3.66	N	4.98	0.0057	0	17.5	N	23.8	0.0273	41.1
2018-06-04 08:42	3.57	N	4.28	0.0054	0	6.98	N	8.37	0.0106	21.7

时间从 09 分跳到 13 分
时间从 10 分跳到 27 分
时间从 33 分跳到 41 分

图 5-6　超标数据缺失实例图

2）案例 2

2018 年 12 月，舟山市环境保护局环境执法人员在对舟山某漂染有限责任公司自动监控设施进行现场检查时，发现该公司 COD_{Cr} 分析仪、氨氮分析仪 10 月 25 日、11 月 1 日、11 月 7 日运维记录中的日常质控结果和分析仪中对应时间的历史数据不一致。

通过对该公司及其自动监测设施运维单位——舟山某环保科技有限公司的调查询问，查明 2018 年 10 月 17 日—11 月 1 日该公司进行了废水排放口改造，未调整采样位置导致无法正常采取水样，运维人员在改造的特殊时期，伪造了质控记录。

之后，该公司于 2018 年 12 月 17 日委托具备监测资质的舟山某公司对其自动监测设备进行了比对，结果符合相关技术规范要求。

该运维单位因未按真实情况记录设备运行情况并伪造记录，但鉴于未造成自动监测数据失真等后果，根据《中华人民共和国水污染防治法》第八十一条规定被处罚款人民币 44 300 元，并被列入了环境违法黑名单。

第6章

污染源自动监控设施的相关法律法规及标准

6.1　相关法律条款

6.1.1　《中华人民共和国环境保护法》（2015 年 1 月 1 日起施行）

第四十二条　重点排污单位应当按照国家有关规定和监测规范安装使用监测设备，保证监测设备正常运行，保存原始监测记录。严禁通过暗管、渗井、渗坑、灌注或者篡改、伪造监测数据，或者不正常运行防治污染设施等逃避监管的方式违法排放污染物。

注：篡改或者伪造监测数据属于逃避监管的方式之一，大气污染防治法和水污染防治法中也有相同表述。

第五十五条　重点排污单位应当如实向社会公开其主要污染物的名称、排放方式、排放浓度和总量、超标排放情况，以及防治污染设施的建设和运行情况，接受社会监督。

第六十三条　企业事业单位和其他生产经营者有下列行为之一，尚不构成犯罪的，除依照有关法律法规规定予以处罚外，由县级以上人民政府环境保护主管部门或者其他有关部门将案件移送公安机关，对其直接负责的主管人员和其他直接责任人员，处十日以上十五日以下拘留；情节较轻的，处五日以上十日以下拘留：

（三）通过暗管、渗井、渗坑、灌注或者篡改、伪造监测数据，或者不正常运行防治污染设施等逃避监管的方式违法排放污染物的。

第六十五条　环境影响评价机构、环境监测机构以及从事环境监测设备和防治污染设施维护、运营的机构，在有关环境服务活动中弄虚作假，对造成的环境污染和生态破坏负有责任的，除依照有关法律法规规定予以处罚外，还应当与造成环境污染和生态破坏的其他责任者承担连带责任。

6.1.2　《中华人民共和国大气污染防治法》（2018 年 10 月 26 日起施行）

第二十条　企业事业单位和其他生产经营者向大气排放污染物的，应当依照法律法规和国务院生态环境主管部门的规定设置大气污染物排放口。

禁止通过偷排、篡改或者伪造监测数据、以逃避现场检查为目的的临时停产、非紧急情况下开启应急排放通道、不正常运行大气污染防治设施等逃避监管的方式排放大气污染物。

第二十四条　企业事业单位和其他生产经营者应当按照国家有关规定和监测规范，对其排放的工业废气和本法第七十八条规定名录中所列有毒有害大气污染物进行监测，并保存原始监测记录。其中，重点排污单位应当安装、使用大气污染物排放自动监测设备，与生态环境主管部门的监控设备联网，保证监测设备正常运行并依法公开排放信息。监测的具体办法和重点排污单位的条件由国务院生态环境主管部门规定。

重点排污单位名录由设区的市级以上地方人民政府生态环境主管部门按照国务院生态环境主管部门的规定，根据本行政区域的大气环境承载力、重点大气污染物排放总量控制指标的要求以及排污单位排放大气污染物的种类、数量和浓度等因素，商有关部门确定，并向社会公布。

第二十五条　重点排污单位应当对自动监测数据的真实性和准确性负责。生态环境主管部门发现重点排污单位的大气污染物排放自动监测设备传输数据异常，应当及时进行调查。

第二十六条　禁止侵占、损毁或者擅自移动、改变大气环境质量监测设施和大气污染物排放自动监测设备。

第二十九条　生态环境主管部门及其环境执法机构和其他负有大气环境保护监督管理职责的部门，有权通过现场检查监测、自动监测、遥感监测、远红外摄像等方式，对排放大气污染物的企业事业单位和其他生产经营者进行监督检查。被检查者应当如实反映情况，提供必要的资料。实施检查的部门、机构及其工作人员应当为被检查者保守商业秘密。

第九十八条　违反本法规定，以拒绝进入现场等方式拒不接受生态环境主管部门及其环境执法机构或者其他负有大气环境保护监督管理职责的部门的监督检查，或者在接受监督检查时弄虚作假的，由县级以上人民政府生态环境主管部门或者其他负有大气环境保护监督管理职责的部门责令改正，处二万元以上二十万元以下的罚款；构成违反治安管理行为的，由公安机关依法予以处罚。

第九十九条　违反本法规定，有下列行为之一的，由县级以上人民政府生态环境主管部门责令改正或者限制生产、停产整治，并处十万元以上一百万元以下的罚款；情节严重的，报经有批准权的人民政府批准，责令停业、关闭：

（二）超过大气污染物排放标准或者超过重点大气污染物排放总量控制指标排放大气污染物的；

（三）通过逃避监管的方式排放大气污染物的。

第一百条　违反本法规定，有下列行为之一的，由县级以上人民政府生态环境主管部门责令改正，处二万元以上二十万元以下的罚款；拒不改正的，责令停产整治：

（一）侵占、损毁或者擅自移动、改变大气环境质量监测设施或者大气污染物排放自动监测设备的；

（三）未按照规定安装、使用大气污染物排放自动监测设备或者未按照规定与生态环境主管部门的监控设备联网，并保证监测设备正常运行的；

（四）重点排污单位不公开或者不如实公开自动监测数据的。

第一百二十三条　违反本法规定，企业事业单位和其他生产经营者有下列行为之一，受到罚款处罚，被责令改正，拒不改正的，依法作出处罚决定的行政机关可以自责令改正之日的次日起，按照原处罚数额按日连续处罚：

（三）通过逃避监管的方式排放大气污染物的。

第一百一十七条　违反本法规定，有下列行为之一的，由县级以上人民政府生态环境等主管部门按照职责责令改正，处一万元以上十万元以下的罚款；拒不改正的，责令停工整治或者停业整治：

（七）向大气排放持久性有机污染物的企业事业单位和其他生产经营者以及废弃物焚烧设施的运营单位，未按照国家有关规定采取有利于减少持久性有机污染物排放的技术方法和工艺，配备净化装置的。

6.1.3　《中华人民共和国水污染防治法》（2018年1月1日起施行）

第二十三条　实行排污许可管理的企业事业单位和其他生产经营者应当按照国家有关规定和监测规范，对所排放的水污染物自行监测，并保存原始监测记录。重点排污单位还应当安装水污染物排放自动监测设备，与环境保护主管部门的监控设备联网，并保证监测设备正常运行。具体办法由国务院环境保护主管部门规定。

应当安装水污染物排放自动监测设备的重点排污单位名录，由设区的市级以上地方人民政府环境保护主管部门根据本行政区域的环境容量、重点水污染物排放总量控制指标的要求以及排污单位排放水污染物的种类、数量和浓度等因素，商同级有关部门确定。

第二十四条　实行排污许可管理的企业事业单位和其他生产经营者应当对监测数据的真实性和准确性负责。

环境保护主管部门发现重点排污单位的水污染物排放自动监测设备传输数据异常，应当及时进行调查。

第三十九条　禁止利用渗井、渗坑、裂隙、溶洞，私设暗管，篡改、伪造监测数据，或者不正常运行水污染防治设施等逃避监管的方式排放水污染物。

第四十五条　工业集聚区应当配套建设相应的污水集中处理设施，安装自动监测设备，与环境保护主管部门的监控设备联网，并保证监测设备正常运行。

第八十一条　以拖延、围堵、滞留执法人员等方式拒绝、阻挠环境保护主管部门或者其他依照本法规定行使监督管理权的部门的监督检查，或者在接受监督检查时弄虚作假的，由县级以上人民政府环境保护主管部门或者其他依照本法规定行使监督管理权的部门责令改正，处二万元以上二十万元以下的罚款。

第八十二条　违反本法规定，有下列行为之一的，由县级以上人民政府环境保护主管部门责令限期改正，处二万元以上二十万元以下的罚款；逾期不改正的，责令停产整治：

（二）未按照规定安装水污染物排放自动监测设备，未按照规定与环境保护主管部门的监控设备联网，或者未保证监测设备正常运行的；

（三）未按照规定对有毒有害水污染物的排污口和周边环境进行监测，或者未公开有毒有害水污染物信息的。

第八十三条　违反本法规定，有下列行为之一的，由县级以上人民政府环境保护主管部门责令改正或者责令限制生产、停产整治，并处十万元以上一百万元以下的罚款；情节严重的，报经有批准权的人民政府批准，责令停业、关闭：

（二）超过水污染物排放标准或者超过重点水污染物排放总量控制指标排放水污染物的；

（三）利用渗井、渗坑、裂隙、溶洞，私设暗管，篡改、伪造监测数据，或者不正常运行水污染防治设施等逃避监管的方式排放水污染物的。

6.1.4 《中华人民共和国环境保护税法》（2018 年 1 月 1 日起施行）

第十条　应税大气污染物、水污染物、固体废物的排放量和噪声的分贝数，按照下列方法和顺序计算：

（一）纳税人安装使用符合国家规定和监测规范的污染物自动监测设备的，按照污染物自动监测数据计算。

第十三条　纳税人排放应税大气污染物或者水污染物的浓度值低于国家和地方规定的污染物排放标准百分之三十的，减按百分之七十五征收环境保护税。纳税人排放应税大气污染物或者水污染物的浓度值低于国家和地方规定的污染物排放标准百分之五十的，减按百分之五十征收环境保护税。

第二十四条　各级人民政府应当鼓励纳税人加大环境保护建设投入，对纳税人用于污染物自动监测设备的投资予以资金和政策支持。

6.1.5　《最高人民法院、最高人民检察院关于办理环境污染刑事案件适用法律若干问题的解释》（2017 年 1 月 1 日起施行）

第一条　实施刑法第三百三十八条规定的行为，具有下列情形之一的，应当认定为“严重污染环境”：

（七）重点排污单位篡改、伪造自动监测数据或者干扰自动监测设施，排放化学需氧量、氨氮、二氧化硫、氮氧化物等污染物的；

第十条　重点排污单位篡改、伪造自动监测数据或者干扰自动监测设施，排放化学需氧量、氨氮、二氧化硫、氮氧化物等污染物，同时构成污染环境罪和破坏计算机信息系统罪的，依照处罚较重的规定定罪处罚。

从事环境监测设施维护、运营的人员实施或者参与实施篡改、伪造自动监测数据、干扰自动监测设施、破坏环境质量监测系统等行为的，应当从重处罚。

6.1.6　《中华人民共和国治安管理处罚法》（2013 年 1 月 1 日起施行）

第二十九条　有下列行为之一的，处五日以下拘留；情节较重的，处五日以上十日以下拘留：

（一）违反国家规定，侵入计算机信息系统，造成危害的；

（二）违反国家规定，对计算机信息系统功能进行删除、修改、增加、干扰，造成计算机信息系统不能正常运行的；

（三）违反国家规定，对计算机信息系统中存储、处理、传输的数据和应用程序进行删除、修改、增加的；

（四）故意制作、传播计算机病毒等破坏性程序，影响计算机信息系统正常运行的。

6.1.7 《中华人民共和国刑法》（2017 年 11 月 4 日起施行）

第二百八十六条 违反国家规定，对计算机信息系统功能进行删除、修改、增加、干扰，造成计算机信息系统不能正常运行，后果严重的，处五年以下有期徒刑或者拘役；后果特别严重的，处五年以上有期徒刑。

违反国家规定，对计算机信息系统中存储、处理或者传输的数据和应用程序进行删除、修改、增加的操作，后果严重的，依照前款的规定处罚。

故意制作、传播计算机病毒等破坏性程序，影响计算机系统正常运行，后果严重的，依照第一款的规定处罚。

6.2 相关法规条款

6.2.1 《中华人民共和国环境保护税法实施条例》（2018 年 1 月 1 日起施行）

第七条 纳税人有下列情形之一的，以其当期应税大气污染物、水污染物的产生量作为污染物的排放量：

（一）未依法安装使用污染物自动监测设备或者未将污染物自动监测设备与环境保护主管部门的监控设备联网；

（二）损毁或者擅自移动、改变污染物自动监测设备；

（三）篡改、伪造污染物监测数据。

第十条 环境保护税法第十三条所称应税大气污染物或者水污染物的浓度值，是指纳税人安装使用的污染物自动监测设备当月自动监测的应税大气污染物浓度值的小时平均值再平均所得数值或者应税水污染物浓度值的日平均值再平均所得数值，或者监测机构当月监测的应税大气污染物、水污染物浓度值的平均值。

依照环境保护税法第十三条的规定减征环境保护税的，前款规定的应税大气污染物浓度值的小时平均值或者应税水污染物浓度值的日平均值，以及监测机构当月每次监测的应税大气污染物、水污染物的浓度值，均不得超过国家和地方规定的污染物排放标准。

6.2.2 《中华人民共和国计量法实施细则》（2018 年 3 月 19 日修订）

第十五条　凡制造在全国范围内从未生产过的计量器具新产品，必须经过定型鉴定。定型鉴定合格后，应当履行形式批准手续，颁发证书。凡未经型式批准或者未取得样机试验合格证书的计量器具，不准生产。

第十九条　外商在中国销售计量器具，须比照本细则第十八条的规定向国务院计量行政部门申请型式批准。

6.2.3 《浙江省大气污染防治条例》（2016 年 7 月 1 日起施行）

第十七条　排放工业废气或者有毒有害大气污染物的企业事业单位和其他生产经营者应当按照国家有关规定和监测规范，对其排放的工业废气和有毒有害大气污染物进行监测，并保存原始监测记录。其中，重点排污单位应当按照国家和省有关规定安装、使用大气污染物排放自动监测设备，并与环境保护主管部门的监控设备联网。监测数据的保存时间不少于三年。

重点排污单位自动监测设备属于强制检定范围的，按照国家和省有关规定进行计量检定；不属于强制检定范围的，由环境保护主管部门委托计量检定机构进行计量检定。经计量检定并正常运行的自动监测设备监测的数据可以作为行政执法的依据。自动监测设备监测的数据是否超过大气污染物排放标准，按照时均值确定。

排污单位和监测机构对监测数据的真实性和准确性负责。环境保护主管部门应当加强对大气污染物排放监测活动的监督和管理。

第十八条　重点排污单位和省环境保护主管部门确定的排污单位，应当通过环境保护主管部门指定的网站或者其他便于公众知晓的方式，自环境信息生成或者变更之日起十日内，如实公开下列信息，接受社会监督：

（一）排放主要污染物的名称、排放方式、排放浓度和排放量的监测情况；

（三）超过大气污染物排放标准或者超过重点大气污染物排放总量控制指标排放大气污染物的情况。

第十九条　省环境保护主管部门负责组织建设与管理全省大气环境质量和大气污染源监测网，开展大气环境质量和大气污染源监测，并建立相关信息共享机制。

工业园区（开发区）的管理机构应当按照省环境保护主管部门的要求设置大气特征污染物监测设施，并与环境保护主管部门的监测设备联网，保证监测设施正常运行。

第二十一条　环境保护主管部门和其他负有大气环境保护监督管理职责的部门，应当通过环境保护主管部门指定的网站或者其他便于公众知晓的方式，及时公开下列信息，为公众参与和监督大气环境保护提供便利：

（二）对大气污染源和重点排污单位的监测情况。

第五十八条　违反本条例第十七条第四款规定，监测机构出具虚假监测报告或者监测数据的，由环境保护主管部门责令改正，没收违法所得，并处五万元以上二十万元以下的罚款；情节严重的，由质量技术监督部门吊销计量认证合格证书，直接负责的主管人员和其他直接责任人员三年内不得从事监测服务活动。

6.2.4 《浙江省水污染防治条例》（2017年11月30日修订）

第四十五条　重点排污单位设置的水污染物排放自动监测设备应当与环境保护主管部门联网，并保证监测设备正常运行。

重点排污单位向城镇污水集中处理设施排放水污染物的，其水污染物排放自动监测设备还应当与城镇污水集中处理设施的运营单位联网，并提供在线监测数据。

6.2.5 《浙江省计量监督管理条例》（2014年1月1日起施行）

第十四条　任何单位和个人不得有下列行为：

（三）销售列入国家依法管理计量器具目录而无制造计量器具许可证标志、编号的计量器具；

（五）制造已取得型式批准的计量器具，擅自改变产品结构、关键零部件等，导致原批准的型式发生变更；

（六）为计量器具增加作弊装置或者作弊功能。

第四十一条　违反本条例第十四条规定，有下列行为之一的，由计量主管部门按照下列规定予以处罚；有违法所得的，并处没收违法所得：

（二）违反第三项规定，销售列入国家依法管理计量器具目录而无制造计量器具许可证标志、编号的计量器具的，责令停止销售，没收违法销售的计量器具，并处违法销售计量器具货值金额一倍以上三倍以下罚款；

（三）违反第五项规定，制造已取得型式批准的计量器具，擅自改变产品结构、关键零部件等，导致原批准的型式发生变更的，责令限期改正；逾期不改正的，没收违法制造的计量器具，并处违法制造计量器具货值金额一倍以上三倍以下罚款；情节严重的，由发证机关吊销制造计量器具许可证；

（四）违反第六项规定，为计量器具增加作弊装置或者作弊功能的，没收计量器具，并按照每台（件）计量器具五千元以上五万元以下的标准处以罚款；制造、修理计量器具过程中为计量器具增加作弊装置或者作弊功能的，由发证机关并处吊销制造计量器具许可证、修理计量器具许可证。

6.3　相关行政规章条款

6.3.1　《污染源自动监控管理办法》（国家环保总局令　第 28 号）

第十条　列入污染源自动监控计划的排污单位，应当按照规定的时限建设、安装自动监控设备及其配套设施，配合自动监控系统的联网。

第十一条　新建、改建、扩建和技术改造项目应当根据经批准的环境影响评价文件的要求建设、安装自动监控设备及其配套设施，作为环境保护设施的组成部分，与主体工程同时设计、同时施工、同时投入使用。

第十二条　建设自动监控系统必须符合下列要求：

（一）自动监控设备中的相关仪器应当选用经国家环境保护总局指定的环境监测仪器检测机构适用性检测合格的产品；

（二）数据采集和传输符合国家有关污染源在线自动监控（监测）系统数据传输和接口标准的技术规范；

（三）自动监控设备应安装在符合环境保护规范要求的排污口；

（四）按照国家有关环境监测技术规范，环境监测仪器的比对监测应当合格；

（五）自动监控设备与监控中心能够稳定联网；

（六）建立自动监控系统运行、使用、管理制度。

第十三条　自动监控设备的建设、运行和维护经费由排污单位自筹，环境保护部门可以给予补助；监控中心的建设和运行、维护经费由环境保护部门编报预算申请经费。

第十四条　自动监控系统的运行和维护，应当遵守以下规定：

（一）自动监控设备的操作人员应当按国家相关规定，经培训考核合格、持证上岗；

（二）自动监控设备的使用、运行、维护符合有关技术规范；

（三）定期进行比对监测；

（四）建立自动监控系统运行记录；

（五）自动监控设备因故障不能正常采集、传输数据时，应当及时检修并向环境监察机构报告，必要时应当采用人工监测方法报送数据。

6.3.2 《污染源自动监控设施现场监督检查办法》（环境保护部令 第19号）

第六条 污染源自动监控设施的生产者和销售者，应当保证其生产和销售的污染源自动监控设施符合国家规定的标准。

第七条 污染源自动监控设施建成后，组织建设的单位应当及时组织验收。经验收合格后，污染源自动监控设施方可投入使用。

排污单位或者其他污染源自动监控设施所有权单位，应当在污染源自动监控设施验收后5个工作日内，将污染源自动监控设施有关情况交有管辖权的监督检查机构登记备案。

污染源自动监控设施的主要设备或者核心部件更换、采样位置或者主要设备安装位置等发生重大变化的，应当重新组织验收。排污单位或者其他污染源自动监控设施所有权单位应当在重新验收合格后5个工作日内，向有管辖权的监督检查机构变更登记备案。

有管辖权的监督检查机构应当对污染源自动监控设施登记事项及时予以登记，作为现场监督检查的依据。

第八条 污染源自动监控设施确需拆除或者停运的，排污单位或者运营单位应当事先向有管辖权的监督检查机构报告。有管辖权的监督检查机构接到报告后，可以组织现场核实，并在接到报告后5个工作日内作出决定；逾期不作出决定的，视为同意。

污染源自动监控设施发生故障不能正常使用的，排污单位或者运营单位应当在发生故障后12小时内向有管辖权的监督检查机构报告，并及时检修，保证在5个工作日内恢复正常运行。停运期间，排污单位或者运营单位应当按照有关规定和技术规范，采用手工监测等方式，对污染物排放状况进行监测，并报送监测数据。

第十三条 对污染源自动监控设施进行现场监督检查，应当重点检查以下内容：

（一）排放口规范化情况；

（二）污染源自动监控设施现场端建设规范化情况；

（三）污染源自动监控设施变更情况；

（四）污染源自动监控设施运行状况；

（五）污染源自动监控设施运行、维护、检修、校准校验记录；

（六）相关资质、证书、标志的有效性；

注：根据《关于废止〈环境污染治理设施运营资质许可管理办法〉的决定》（环境保护部令　第27号）取消对资质、证书的要求；根据《环境保护部关于废止部分规范性文件的公告》（公告2017年第57号）取消环保部门实施的有效性审核以及合格标识的要求。

（七）企业生产工况、污染治理设施运行与自动监控数据的相关性。

第十四条　污染源自动监控设施现场监督检查分为例行检查和重点检查。

监督检查机构应当对污染源自动监控设施定期进行例行检查。对国家重点监控企业污染源自动监控设施的例行检查每月至少1次；对其他企业污染源自动监控设施的例行检查每季度至少1次。

注：根据《国务院办公厅关于推广随机抽查规范事中事后监管的通知》（国办发〔2015〕58号）的精神，自动监控现场监督检查纳入“双随机一公开”制度，不再执行该要求。

对涉嫌不正常运行、使用污染源自动监控设施或者有弄虚作假等违法情况的企业，监督检查机构应当进行重点检查。重点检查可以邀请有关部门和专家参加。

实施污染源自动监控设施例行检查或者重点检查的，可以根据情况，事先通知被检查单位，也可以不事先通知。

第十五条　污染源自动监控设施的现场监督检查，按照下列程序进行：

（一）检查前准备工作，包括污染源自动监控设施登记备案情况、污染物排放及污染防治的有关情况，现场检查装备配备等；

（二）进行现场监督检查；

（三）认定运行正常的，结束现场监督检查；

（四）对涉嫌不正常运行、使用或者有弄虚作假等违法行为的，进行重点检查；

（五）经重点检查，认定有违法行为的，依法予以处罚。

污染源自动监控设施现场监督检查结果，应当及时反馈被检查单位。

第十六条　现场监督检查人员应当按照有关技术规范要求填写现场监督检查表，制作现场监督检查笔录。

现场监督检查人员进行污染源自动监控设施现场监督检查时，可以采取以下措施：

（一）以拍照、录音、录像、仪器标定或者拷贝文件、数据等方式保存现场检查资料。

（二）使用快速监测仪器采样监测。必要时，由环境监测机构进行监督性监测或者比对监测并出具监测结果。

（三）要求排污单位或者运营单位对污染源自动监控设施的硬件、软件进行技术测试。

（四）封存有关样品、试剂等物质，并送交有关部门或者机构检测。

第十七条　排污单位或者其他污染源自动监控设施所有权单位，未按照本办法第七条的规定向有管辖权的监督检查机构登记其污染源自动监控设施有关情况，或者登记情况不属实的：依照《中华人民共和国水污染防治法》第七十二条第（一）项或者《中华人民共和国大气污染防治法》第四十六条第（一）项的规定处罚。

注：修订后的大气污染防治法和水污染防治法中未作规定。

第十八条　排污单位或者运营单位有下列行为之一的：依照《中华人民共和国水污染防治法》第七十条或者《中华人民共和国大气污染防治法》第四十六条第（二）项的规定处罚。

注：修订后的大气污染防治法第九十八条和修订后的水污染防治法第八十一条已作相应规定。

（一）采取禁止进入、拖延时间等方式阻挠现场监督检查人员进入现场检查污染源自动监控设施的；

（二）不配合进行仪器标定等现场测试的；

（三）不按照要求提供相关技术资料和运行记录的；

（四）不如实回答现场监督检查人员询问的。

第十九条　排污单位或者运营单位擅自拆除、闲置污染源自动监控设施，或者有下列行为之一的：依照《中华人民共和国水污染防治法》第七十三条或者《中华人民共和国大气污染防治法》第四十六条第（三）项的规定处罚。

注：在修订后的大气污染防治法第一百条第（一）、（三）项和修订后的水污染防治法第八十二条第（二）项已作相应规定。

（一）未经环境保护主管部门同意，部分或者全部停运污染源自动监控设施的；（注：与第八条同因）

（二）污染源自动监控设施发生故障不能正常运行，不按照规定报告又不及时检修恢复正常运行的；

（三）不按照技术规范操作，导致污染源自动监控数据明显失真的；

（四）不按照技术规范操作，导致传输的污染源自动监控数据明显不一致的；

（五）不按照技术规范操作，导致排污单位生产工况、污染治理设施运行与自动监控数据相关性异常的；

（六）擅自改动污染源自动监控系统相关参数和数据的；

（七）污染源自动监控数据未通过有效性审核或者有效性审核失效的；

注：与第十三条第六款同因。

（八）其他人为原因造成的污染源自动监控设施不正常运行的情况。

第二十条　排污单位或者运营单位有下列行为之一的：依照《中华人民共和国水污染防治法》第七十条或者《中华人民共和国大气污染防治法》第四十六条第（二）项的规定处罚。

注：在修订后的大气污染防治法第九十九条第（三）项和修订后的水污染防治法第八十三条第（三）项已作相应规定。

（一）将部分或者全部污染物不经规范的排放口排放，规避污染源自动监控设施监控的；

（二）违反技术规范，通过稀释、吸附、吸收、过滤等方式处理监控样品的；

（三）不按照技术规范的要求，对仪器、试剂进行变动操作的；

（四）违反技术规范的要求，对污染源自动监控系统功能进行删除、修改、增加、干扰，造成污染源自动监控系统不能正常运行，或者对污染源自动监控系统中存储、处理或者传输的数据和应用程序进行删除、修改、增加的操作的；

（五）其他欺骗现场监督检查人员，掩盖真实排污状况行为。

第二十二条　污染源自动监控设施生产者、销售者参与排污单位污染源自动监控设施运行弄虚作假的，由环境保护主管部门予以通报，公开该生产者、销售者名称及其产品型号；情节严重的，收回其环境保护适用性检测报告和环境保护产品认证证书。对已经安装使用该生产者、销售者生产、销售的同类产品的企业，环境保护主管部门应当加强重点检查。

第二十四条　环境保护主管部门的工作人员有下列行为之一的，依法给予处分；构成犯罪的，依法追究刑事责任：

（一）不履行或者不按照规定履行对污染源自动监控设施现场监督检查职责的；

（二）对接到举报或者所发现的违法行为不依法予以查处的；

（三）包庇、纵容、参与排污单位或者运营单位弄虚作假的；

（四）其他玩忽职守、滥用职权或者徇私舞弊行为。

第二十五条　排污单位通过污染源自动监控设施数据弄虚作假获取主要污染物年度削减量、有关环境保护荣誉称号或者评级的，由原核定削减量或者授予荣誉称号的环境保护主管部门予以撤销。

排污单位通过污染源自动监控设施数据弄虚作假，骗取国家优惠脱硫脱硝电价的，环境保护主管部门应当及时通报优惠电价核定部门，取消电价优惠。

第二十六条　违反技术规范的要求，对污染源自动监控系统功能进行删除、修改、增加、干扰，造成污染源自动监控系统不能正常运行，或者对污染源自动监控系统中存储、处理或者传输的数据和应用程序进行删除、修改、增加的操作，构成违反治安管理行为的，由环境保护主管部门移送公安部门依据《中华人民共和国治安管理处罚法》第二十九条规定处理；涉嫌构成犯罪的，移送司法机关依照《中华人民共和国刑法》第二百八十六条追究刑事责任。

6.3.3 《排污许可管理办法（试行）》（环境保护部令　第48号）

第三十四条　排污单位应当按照排污许可证规定，安装或者使用符合国家有关环境监测、计量认证规定的监测设备，按照规定维护监测设施，开展自行监测，保存原始监测记录。

实施排污许可重点管理的排污单位，应当按照排污许可证规定安装自动监测设备，并与环境保护主管部门的监控设备联网。

6.3.4 《生活垃圾焚烧发电厂自动监测数据应用管理规定》（生态环境部令　第10号）

第三条　设区的市级以上地方生态环境主管部门应当将垃圾焚烧厂列入重点排污单位名录。垃圾焚烧厂应当按照有关法律法规和标准规范安装使用自动监测设备，与生态环境主管部门的监控设备联网。

第四条　垃圾焚烧厂应当按照生活垃圾焚烧发电厂自动监测数据标记规则（以下简称标记规则），及时在自动监控系统企业端，如实标记每台焚烧炉工况和自动监测异常情况。

自动监测设备发生故障，或者进行检修、校准的，垃圾焚烧厂应当按照标记规则及时标记；未标记的，视为数据有效。

第五条　生态环境主管部门可以利用自动监控系统收集环境违法行为证据。自动监测数据可以作为判定垃圾焚烧厂是否存在环境违法行为的证据。

第六条　一个自然日内，垃圾焚烧厂任一焚烧炉排放烟气中颗粒物氮氧化物、二氧化硫、氧化氢、一氧化碳等污染物的自动监测日均值数据，有一项或者一项以上超过《生活垃圾焚烧污染控制标准》（GB 18485—2014）或者地方污染物排放标准规定的相应污染物 24h 均值限值或者日均值限值，可以认定其污染物排放超标。

自动监测日均值数据的计算，按照《污染物在线监控（监测）系统数据传输标准》（HJ 212—2017）执行。

对二噁英类等暂不具备自动监测条件的污染物，以生态环境主管部门执法监测获取的监测数据作为超标判定依据。

第七条　垃圾焚烧厂应当按照国家有关规定，确保正常工况下焚烧炉炉膛内热电偶测量温度的 5 分钟均值不低于 850℃。

第九条　生态环境主管部门执法人员现场调查取证时，应当提取自动监测数据，制作调查询问笔录或者现场检查（勘察）笔录，并对提取过程进行拍照或者摄像，或者采取其他方式记录执法过程。

经现场调查核实垃圾焚烧厂污染物超标排放行为属实的，生态环境主管部门应当当场责令垃圾焚烧厂改正违法行为，并依法下达责令改正违法行为决定书。

生态环境主管部门执法人员现场调查时，可以根据垃圾焚烧厂的违法情形，收集下列证据：

（一）当事人的身份证明；

（二）调查询问笔录或者现场检查（勘察）笔录；

（三）提取的热电偶测量温度的 5 分钟均值数据、自动监测日均值数据或者数据缺失情况；

（四）自动监测设备运行参数记录、运行维护记录；

（五）相关生产记录、污染防治设施运行管理台账等；

（六）自动监控系统企业端焚烧炉工况、自动监测异常情况数据及标记记录；

（七）其他需要的证据。

生态环境主管部门执法人员现场从自动监测设备提取的数据，应当由垃圾焚烧厂直接负责的主管人员或者其他责任人员签字确认。

第十二条　垃圾焚烧厂违反本规定第三条第三款，导致自动监测数据缺失或者无效的，认定为“未保证自动监测设备正常运行”，依照《中华人民共和国大气污染防治法》第一百条第三项的规定处罚。

下列情形不认定为“未保证自动监测设备正常运行”：

（一）在一个季度内，每台焚烧炉标记为“烟气排放连续监测系统（CEMS）维护”的时段，累计不超过 30 小时的；

（二）标记为“停运”的。

第十三条　垃圾焚烧厂通过下列行为排放污染物的，认定为“通过逃避监管的方式排放大气污染物”，依照《中华人民共和国大气污染防治法》第九十九条第三项的规定处罚：

（一）未按照标记规则虚假标记的；

（二）篡改、伪造自动监测数据的。

第十六条　篡改、伪造自动监测数据或者干扰自动监测设备排放污染物，涉嫌构成犯罪的，生态环境主管部门应当依法移送司法机关，追究刑事责任。

6.4 其他规范性文件条款

6.4.1 《行政主管部门移送适用行政拘留环境违法案件暂行办法》（公治〔2014〕853 号）

第六条　《环境保护法》第六十三条第三项规定的通过篡改、伪造监测数据等逃避监管的方式违法排放污染物，是指篡改、伪造用于监控、监测污染物排放的手工及自动监测仪器设备的监测数据，包括以下情形：

（一）违反国家规定，对污染源监控系统进行删除、修改、增加、干扰，或者对污染源监控系统中存储、处理、传输的数据和应用程序进行删除、修改、增加，造成污染源监控系统不能正常运行的；

（二）破坏、损毁监控仪器站房、通信线路、信息采集传输设备、视频设备、电力设备、空调、风机、采样泵及其他监控设施的，以及破坏、损毁监控设施采样管线，破坏、损毁监控仪器、仪表的；

（三）稀释排放的污染物故意干扰监测数据的；

（四）其他致使监测、监控设施不能正常运行的情形。

注：重点排污单位篡改、伪造监测数据按《最高人民法院、最高人民检察院关于办理环境污染刑事案件适用法律若干问题的解释》（2017 年 1 月 1 日起施行）构成"污染环境罪"，其他排污单位同类行为不构成犯罪，按本办法执行。

6.4.2 《环境监测数据弄虚作假行为判定及处理办法》（环发〔2015〕175 号）

第二条　本办法所称环境监测数据弄虚作假行为，系指故意违反国家法律法规、规章等以及环境监测技术规范，篡改、伪造或者指使篡改、伪造环境监测数据等行为。

本办法所称环境监测数据，系指按照相关技术规范和规定，通过手工或者自动监测方式取得的环境监测原始记录、分析数据、监测报告等信息。

注：质控校准等运维档案属于原始记录。

第三条　本办法适用于以下活动中涉及的环境监测数据弄虚作假行为：

（一）依法开展的环境质量监测、污染源监测、应急监测；

（二）监管执法涉及的环境监测；

（四）企事业单位依法开展或者委托开展的自行监测。

第四条　篡改监测数据，系指利用某种职务或者工作上的便利条件，故意干预环境监测活动的正常开展，导致监测数据失真的行为，包括以下情形：

（一）未经批准部门同意，擅自停运、变更、增减环境监测点位或者故意改变环境监测点位属性的；

注：不适用于污染源自动监控设施。

（二）采取人工遮挡、堵塞和喷淋等方式，干扰采样口或周围局部环境的；

（三）人为操纵、干预或者破坏排污单位生产工况、污染源净化设施，使生产或污染状况不符合实际情况的；

（四）稀释排放或者旁路排放，或者将部分或全部污染物不经规范的排污口排放，逃避自动监控设施监控的；

（五）破坏、损毁监测设备站房、通讯线路、信息采集传输设备、视频设备、电力设备、空调、风机、采样泵、采样管线、监控仪器或仪表以及其他监测监控或辅助设施的；

（六）故意更换、隐匿、遗弃监测样品或者通过稀释、吸附、吸收、过滤、改变样品保存条件等方式改变监测样品性质的；

（七）故意漏检关键项目或者无正当理由故意改动关键项目的监测方法的；

（八）故意改动、干扰仪器设备的环境条件或运行状态或者删除、修改、增加、干扰监测设备中存储、处理、传输的数据和应用程序，或者人为使用试剂、标样干扰仪器的；

（九）未向环境保护主管部门备案，自动监测设备暗藏可通过特殊代码、组合按键、远程登录、遥控、模拟等方式进入不公开的操作界面对自动监测设备的参数和监测数据进行秘密修改的；

（十）故意不真实记录或者选择性记录原始数据的；

（十一）篡改、销毁原始记录，或者不按规范传输原始数据的；

（十二）对原始数据进行不合理修约、取舍，或者有选择性评价监测数据、出具监测报告或者发布结果，以至评价结论失真的；

（十三）擅自修改数据的；

（十四）其他涉嫌篡改监测数据的情形。

第五条　伪造监测数据，系指没有实施实质性的环境监测活动，凭空编造虚假监测数据的行为，包括以下情形：

（一）纸质原始记录与电子存储记录不一致，或者谱图与分析结果不对应，或者用其他样品的分析结果和图谱替代的；

（五）通过仪器数据模拟功能，或者植入模拟软件，凭空生成监测数据的；

（六）未开展采样、分析，直接出具监测数据；

（七）未按规定对样品留样或保存，导致无法对监测结果进行复核的；

（八）其他涉嫌伪造监测数据的情形。

第六条　涉嫌指使篡改、伪造监测数据的行为，包括以下情形：

（一）强令、授意有关人员篡改、伪造监测数据的；

（三）无正当理由，强制要求监测机构多次监测并从中挑选数据，或者无正当理由拒签上报监测数据的；

第七条　环境监测机构及其负责人对监测数据的真实性和准确性负责。

负责环境自动监测设备日常运行维护的机构及其负责人按照运行维护合同对监测数据承担责任。

第八条　地市级以上人民政府环境保护主管部门负责调查环境监测数据弄虚作假行为。地市级以上人民政府环境保护主管部门应定期或者不定期组织开展环境监测质量监督检查，发现环境监测数据弄虚作假行为的，应当依法查处，并向上级环境保护主管部门报告。

第十条　负责调查的环境保护主管部门应当通报环境监测数据弄虚作假行为及相关责任人，记入社会诚信档案，及时向社会公布。

第十二条　社会环境监测机构以及从事环境监测设备维护、运营的机构篡改、伪造监测数据或出具虚假监测报告的，由负责调查的环境保护主管部门将该机构和涉及弄虚作假行为的人员列入不良记录名单，并报上级环境保护主管部门，禁止其参与政府购买环境监测服务或政府委托项目。

第十三条　监测仪器设备应当具备防止修改、伪造监测数据的功能，监测仪器设备生产及销售单位配合环境监测数据造假的，由负责调查的环境保护部主管部门通报公示生产厂家、销售单位及其产品名录，并上报环境保护部，将涉嫌弄虚作假的单位列入不良记录名单，禁止其参与政府购买环境监测服务或政府委托项目，对安装在企业的设备不予验收、联网。

第十六条　环境监测数据弄虚作假行为构成违法的，按照有关法律法规的规定处理。

6.4.3　《市场监管总局关于调整实施强制管理的计量器具目录的公告》（公告 2020 年第 42 号）

一、自本公告发布之日起，列入《目录》且监管方式为“型式批准”和“型式批准、强制检定”的计量器具应办理型式批准或者进口计量器具型式批准；其他计量器具不再办理型式批准或者进口计量器具型式批准。

二、自本公告发布之日起，列入《目录》且监管方式为“强制检定”和“型式批准、强制检定”的工作计量器具，使用中应接受强制检定，其他工作计量器具不再实行强制检定，使用者可自行选择非强制检定或者校准的方式，保证量值准确。

注：根据该公告的目录，粉尘分析仪、二氧化硫、氮氧化物、一氧化碳以及烟气分析仪的监管方式均为型式批准，烟气流速计、水质分析仪和用于环境监测的水流量计不在型式批准和强制检定的目录中。

6.4.4 《浙江省污染源自动监测监控信息传输管理办法》（ZJSP64-2018-0001）

第五条　每个监控点对应 1 台单独的数采仪。

主要污染物的自动监测仪器与数采仪优先采用数字传输模式直连，遵循 RS485 或 RS232 协议；排放参数的监测仪器可采用模拟传输模式。传输过程中不得设置可编程控制器等数据归集处理设备，传输误差、信息丢包率应符合技术规范要求。

非连续水质自动监测仪器、水质采留样设施、具备自动校准的气体连续自动监测仪器，能接收数采仪指令并实现指令目标。

第七条　治理设施采用总线集联的方式与数采仪连接，遵循 RS485 或 RS232 协议。

监控站房门禁设施向数采仪报送门禁状态、进出时间及人员等信息，采用总线集联方式的，遵循 RS485 或 RS232 协议；采用局域网组网方式的，遵循 TCP/IP 协议。

数采仪向视频监控设施传输实时数据应采用局域网组网的方式，遵循《污染物在线监控（监测）系统数据传输标准》（以下简称“HJ 212”）协议。

数采仪向排污单位的其他业务软件提供自动监测监控信息的，采用总线集联方式的，遵循 RS485 或 RS232 协议；或者设置单向隔离网闸，遵循 TCP/IP 协议。

第十三条　为保证自动监测监控信息在网上传输的安全性，传输过程中必须加密。

6.5 标准规范目录

①《固定污染源烟气（SO_2、NO_x、颗粒物）排放连续监测技术规范》（HJ 75—2017）

②《固定污染源烟气（SO_2、NO_x、颗粒物）排放连续监测系统技术要求及检测方法》（HJ 76—2017）

③《污染物在线监控（监测）系统数据传输标准》（HJ 212—2017）

④《环境污染源自动监控信息传输、交换技术规范（试行）》（HJ/T 352—2007）

⑤《水污染源在线监测系统（COD_{Cr}、NH_3-N 等）安装技术规范》（HJ 353—2019）

⑥《水污染源在线监测系统（COD_{Cr}、NH_3-N 等）验收技术规范》（HJ 354—

2019）

⑦《水污染源在线监测系统（COD_{Cr}、NH_3-N 等）运行考核技术规范》（HJ 355—2019）

⑧《水污染源在线监测系统（COD_{Cr}、NH_3-N 等）数据有效性判别技术规范》（HJ 356—2019）

⑨《生活垃圾焚烧发电厂自动监测数据标记规则》（生态环境部公告 2019 年第 50 号）

⑩《公共安全视频监控联网系统信息传输、交换、控制技术要求》（GB/T 28181—2016）

⑪《浙江省污染源自动监控现场端视频监控及站房门禁系统建设技术要求（试行）》（浙环函〔2017〕449 号）

⑫《浙江省污染源自动监测监控现场端建设联网技术要求（试行）》和《浙江省污染源自动监测监控系统数据传输规约 v3.0》（浙环函〔2018〕389 号）

参考文献

[1] 国家环境保护总局，水和废水监测分析方法编委会编 . 水和废水监测分析方法（第四版增补版）[M]. 北京：中国环境科学出版社，2002.

[2] 国家环境保护总局，空气和废气监测分析方法编委会 . 空气和废气监测分析方法（第四版增补版）[M]. 北京：中国环境科学出版社，2003.

[3] 中国环境保护产业协会 . 水污染源连续监测系统运行维护 [M]. 北京：中国建筑工业出版社，2020.

[4] 张磊，余靖 . 浙江省污染源自动监控管理信息化发展探索 [J]. 中国环境管理，2016，1：92-96.

[5] 陈佩佩 .Z 省污染源自动监控社会化运行现状与对策研究 [D]. 西安：西安交通大学公共管理学院，2019.

[6] 高雷利，李振硕 . 关于污染源自动监测数据用于行政执法相关问题的分析与建议 [J]. 环境保护，2020，48(10)：65-69.